治家

中国人的家教和家风

ZHIJIA
ZHONGGUOREN DE
JIAJIAO HE JIAFENG

李存山/主编

广西人民出版社

主　编

中国社会科学院　李存山

撰稿人

序　中国社会科学院　李存山

第一章　同济大学　谷继明

第二章　河北传媒学院　肖磊

第三章　山东大学　王玉彬

第四章　河北传媒学院　肖磊

第五章　山东大学　王玉彬

第六章　中国社会科学院　王正　潘俊秀

第七章　同济大学　谷继明

第八章　河北传媒学院　肖磊

第九章　同济大学　谷继明

第十章　河北传媒学院　肖磊

第十一章　中国社会科学院　王正　赫明宇

第十二章　中国社会科学院　王正

第十三章　河北传媒学院　肖磊

第十四章　河北传媒学院　肖磊

第十五章　同济大学　谷继明

第十六章　中国社会科学院　胡士颍

第十七章　中国社会科学院　胡士颍

第十八章　中国社会科学院　王正

第十九章　中国社会科学院　胡士颍　吕志坤

第二十章　中国社会科学院　王正

序

李存山

好家风是润物无声的力量，值得我们这个时代好好涵养和传承。

由是，继《家风十章》之后，我们又将《家风十日谈》修订、拓展为这本《治家——中国人的家教和家风》（以下简称《治家》）。《家风十章》主要是从理论上阐述家文化在中国传统文化中的特殊重要地位、家文化与家风的关系、传统家风的核心精神及其现代价值等。虽然在这种理论阐述中也要结合一些人和事，但它毕竟受到学理论说的局限，还不足以充分显示家风在中国历史上的社会生活和圣贤豪杰崇高人格生命中的“活”的特点。为了补此不足，我们选出周公、孔子、孟子、马援、诸葛亮、王昶、嵇康、陶渊明、颜之推、李世民、房玄龄、范仲淹、苏轼、陆游、朱熹、吕坤、黄宗羲、曾国藩、陈宝箴、梁启超等二十位代表人物，用具体的人和事来彰显家风对于这些圣贤豪杰的人格塑造和人生业绩所起的重要作用。

家风是家文化的灵魂，家庭是家文化的载体，而家风的传续是通过家教来实现的。因此，重视家庭、重视家教是传承和弘扬优秀家风的前提。而优秀的家风并不局限于一家一姓，它不仅有助于一个家庭和家族的和睦兴旺、代有才人出，还指向了“家国天下”的一体之仁，确立了以“立德、立功、立言”为人生价值的“三不朽”（《左传》）。它所塑造的具有崇高人格的圣贤豪杰成为中华民族杰出的代表和人们争相效法的楷模，极大地推动了中国历史文化的发展，这也正是“自强不息”“厚德载物”的中华民族精神之所以能够世代传承和不断发扬光大的机制所在。

中华民族自古就是以农立国，以耕读传家。《周易·系辞下》说：“古者包牺氏之王天下也，仰则观象于天，俯则观法于地，观鸟兽之文与地之宜，近取诸身，远取诸物，于是始作八卦，以通神明之德，以类万物之情。作结绳而为罔罟，以佃以渔，盖取诸《离》。包牺氏没，神农氏作，斫木为耜，揉木为耒，耒耨之利，以教天下，盖取诸《益》。”这段话说明，中华民族的先民在远古时期就不断地认识自然界与人类自身，创造了“八卦”（即后来所称《周易》）的文明成果，从包牺（又作伏羲）之世的渔猎生产逐渐进化到了神农之世的农业文明。自此之后，中华民族历代都是以农立国，而农业生产方式的特点决定了中国的广大乡村都是以家庭为基本单位，家与家的联系形成了“聚族而居”的村庄，故而重视家庭和家族就成为中国文化的历史必然。

孟子说：“人之有道也，饱食、暖衣、逸居而无教，则近于禽兽。圣人有忧之，使契为司徒，教以人伦：父子有亲，君臣有义，夫妇有别，长幼有序，朋友有信。”（《孟子·滕文公上》）契是尧、舜时期的人物，传说他曾担任火正，发明了以火纪时的历法，这是农业生产所需要的。他还曾帮助大禹治水，后来被任命为主管人伦教化的司徒。这说明在尧、舜时期中国文化就已经有了崇尚人伦道德的价值取向，《中庸》说孔子“祖述尧舜，宪章文武”，由孔子编纂的《尚书》是从《尧典》开始，这并不是偶然的。孟子还说：“设为庠序学校以教之。庠者，养也。校者，教也。序者，射也。夏曰校，殷曰序，周曰庠；学则三代共之，皆所以明人伦也。”（《孟子·滕文公上》）这也说明，至迟在夏、商、周三代，中国就已经有了以“明人伦”为宗旨的学校教育。

《礼记·学记》说：“古之教者，家有塾，党有庠，术有序，国有学。”古时候是以二十五家为闾，每闾有家塾；以五百家为党，每党有庠校；以一万二千五百家为一乡，其学校称为“序”。“国有学”是指在国都设立的“国学”，而国都以外的学校则称为“乡学”。如朱熹在《大学章句序》中所说：“三代之隆，其法浸备，然后王宫国都以及闾巷，莫不有学。”其学又有八岁入“小学”、十五岁入“大学”两个教育阶段。在这套教育体制中，家塾是家庭教育与学校教育的结合，而在家塾之前则纯属“家教”的范畴。因此，家教是这套教育体制的基础，亦可说家庭是人生的第一所学校。

据西汉刘向所作的《列女传》，周文王之母就已重视“胎教”，即所谓：“大任者，文王之母……大任之性，端一诚庄，惟德之行。及其有娠，目不视恶色，耳不听淫声，口不出敖言，能以胎教。”后来周公辅佐武王灭商，又辅佐成王治理天下，其制礼作乐，重视家教，有《诫子伯禽书》流传。《礼记·内则》记载：“子能食，食教以右手。能言，男‘唯’女‘俞’。男鞶革，女鞶丝。六年，教之数与方名。七年，男女不同席，不共食。八年，出入门户，及即席饮食，必后长者，始教之让。九年，教之数日。十年，出就外傅，居宿于外，学书计……”这里的一些具体细节不必详究，而从中已可见古人对于家教有详密周到的安排，其循序渐进、由浅入深，注重儿童的品德教育，使他们养成良好的行为习惯。

从《论语》中可见，孔子以“诗、书、礼、乐”教授弟子，而他对自己的儿子孔鲤也谆谆教导说：“不学《诗》，无以言。”“不学礼，无以立。”（《论语·季氏》）由此开创了之后主要以“诗”“礼”传家的家教传统。孟子“私淑”于孔子，而孟子能成为儒家的“亚圣”，还因为他的背后有一位伟大的母亲，《三字经》中的“昔孟母，择邻处。子不学，断机杼”，正说明优秀的家教为孟子养成圣贤的崇高人格和“大丈夫”精神奠定了基础。

孟母教子实可以作为中国母亲优秀家教的一个杰出代表，孟母是平凡而又伟大的母亲。虽然孟母教子的故事不止两则，但是写入《三字经》中的“昔孟母，择邻处。子不学，断机杼”却极具典型性。我们在童年时常听母亲教导我们“要学好”“要要强”，而“昔孟母，择邻处”正是母教中常说的“要学好”，“子不学，断机杼”正是母教中常说的“要要强”。再往深处解读，可以说中华民族的“厚德载物”精神就蕴含在“要学好”的母教中，“自强不息”精神就蕴含在“要要强”的母教中。

中国文化重视家庭，儒家把孝悌作为普遍仁爱的本始，把家庭成员之间那种真挚的温暖的亲亲之情作为“仁民而爱物”的根源。这自有道德发生论的合理性，而且也得到了世界有识之士的认可，即《走向全球伦理宣言》中所说：“只有在个人关系和家庭关系中已经体验到的东西，才能够在国家之间及宗教之间的关系中得到实行。”在孝悌与普遍仁爱之间并没有不可逾越的鸿沟，相反，只有将亲亲之情“扩而充之”，“老吾老，以及人之老；幼吾幼，以及人之幼”，才是真正的孝悌。这正如孟子所说，“故推恩足以保四海，不推恩无以保妻子”（《孟子·梁惠王上》），“苟能充之，足以保四海；苟不充之，不足以事父母”（《孟子·公孙丑上》），如果“无以保妻子”“不足以事父母”，那么这肯定不是儒家所主张的孝悌。宋代的理学家程颐曾说：“分殊之蔽，私胜而失仁。”如果仅仅局限在血缘情感，那么就是“分殊之蔽”，这不过是“私胜而失仁”，并不是儒家所讲的“亲亲而仁民，仁民而爱物”。

中国文化对家庭的重视，也折射到中国哲学的自然观和世界观中，此即把整个世界视为一个大家庭，人与万物都是天地所生，故而天地就是人与万物共同的父母。如《易传》所说："天地感而万物化生。"（《咸卦·彖传》）"天地絪缊，万物化醇。男女构精，万物化生。"（《系辞下》）"乾，天也，故称乎父。坤，地也，故称乎母。"（《说卦》）《尚书·周书·泰誓》也说："惟天地万物父母，惟人万物之灵。"因为人是万物之灵，所以"天地之性（生），人为贵"（《孝经》）；而人与万物又都是天地所生，故人就应有"仁民爱物"或"民，吾同胞，物，吾与也"（张载《西铭》）的道德自觉。因此，儒家的孝悌观念的扩充，就指向了"家国天下"或"民胞物与"的一体之仁。如朱熹在讨论《西铭》时所说："人之一身，固是父母所生，然父母之所以为父母者，即是乾坤。若以父母而言，则一物各一父母；若以乾坤而言，则万物同一父母矣。……古之君子，惟其见得道理真实如此，所以'亲亲而仁民，仁民而爱物'，推其所为，以至于能以天下为一家，中国为一人，而非意之也。"（《朱文公文集》卷三十六《答陆子美》）

钱穆先生在比较中西文化时曾说："中国人的家庭，实即中国人的教堂。"（《孔子与心教》）在此"教堂"的优秀家教中，从来不是教孩子鼠目寸光、自私自利，而是教导孩子"要学好"，做个好人，"要要强"，做个胸怀宽广、志向远大、能为社会做出重要贡献的人。前面提到的春秋时期"三不朽"之说，"不朽"本来可以是一个在个体生命结束之后灵魂继续存在的宗教问题，而在中国文化中却可以理解为一个"保姓受氏，以守宗祊，世不绝祀"的家族传衍问题，更加被肯定的则是以"太上有立德，其次有立功，其次有立言"，即能为社会做出重要而持久的贡献，为人生价值的"三不朽"。我们可以看到，在中国家文化的家教培养、家风传承中，能够在中国历史上受人崇敬、彪炳史册的杰出人物都是在"立德、立功、立言”等方面取得了杰出成就的人。

我们之所以选周公、孔子、孟子、马援、诸葛亮、王昶、嵇康、陶渊明、颜之推、李世民、房玄龄、范仲淹、苏轼、陆游、朱熹、吕坤、黄宗羲、曾国藩、陈宝箴、梁启超等二十人作为代表人物，是因为他们可作为中国历史上优秀家教、家风和实现人生“三不朽”价值的杰出代表。我们称他们为“圣贤豪杰”，而实际上他们又有所区别，如：周公、孔子和孟子是儒家的圣人，范仲淹、苏轼、朱熹和曾国藩是儒家的贤人，而诸葛亮和李世民则是偏重于事功的豪杰。这里的梁启超比较特殊，在他人生的前一阶段是追随其师康有为，把学问与事功结合起来，在他人生的后一阶段则较专心于学问。他曾自诩“梁启超可谓新思想界之陈涉”（《清代学术概论》），故亦可称他是新思想界之豪杰。这里说的“新思想界”就是中国近代以来古今嬗变、中西汇通的思想界，梁启超的学问与事功既继承了中国的文化传统，又更具有中国近现代的学者人格。梁启超所传扬的梁氏家风，既是他本人立身处世的原则，又成功地助力他的九个儿女成为德才兼备的人。我们从中恰可以思考，传统家风在现代的价值及其如何创造性转化为现代社会的新形态。

在《治家》即将付梓出版之际，我写下以上感想，是为序。

目录

第一章

周公：忠诚树模范，礼乐治家国

我文王之子，武王之弟，成王之叔父，我于天下亦不贱矣。然我一沐三捉发，一饭三吐哺，起以待士，犹恐失天下之贤人。子之鲁，慎无以国骄人。

——周公告诫伯禽的话

在中国古代，说到儒家，人们往往将孔、孟并提，但这一说法其实是在宋代之后才盛行。从汉代到唐代，人们一提到圣人，往往指的是孔子和周公。

周公，姬姓，名旦。他是周文王姬昌的儿子，武王姬发的弟弟，成王姬诵的叔父，鲁公伯禽的父亲。在政治方面，周公辅佐武王一举灭商，统一天下，建立周王朝；武王早死，周公摄政，又辅佐周成王，营建洛邑，东征平定三监之乱，周公是周朝初年稳定政权的最关键人物。在文化方面，周公制礼作乐，使周代文物大备，奠定了周代的文化和制度基础，并且影响后世。在“至圣先师”孔子那里，周公堪为他一生践行“德”“礼”的典范，因此他常常梦见周公。晚年时，孔子将无法梦见周公视为自己衰老和无力的象征，他感慨地说：“甚矣吾衰也！久矣吾不复梦见周公。”

从文王、武王，到周公、成王，这不仅是一个王朝的缔造史，也是一个家族的兴起史。周公是这个兴起历程的引导者，也是这个家族的守护者。一代英雄曹操，曾用一句“周公吐哺，天下归心”，表达了希望人才都来归顺的强烈意愿，这句诗流传千古，为众人所知，而“周公吐哺”的典故出自周公对其子的训诫却鲜为人知。周公写的一些家规训诫，比如《诫伯禽书》《无逸》，成为家训名篇。他教育儿子和侄子时强调的勤俭、敬畏、谦虚等品格，以及作为王族负责人所秉持的顾全大局、忠诚无二的精神，都对后世的家风家训影响深远。

一、事兄敬，伺君忠

中国古代社会，可以称作是家国同构的社会。在郡县制彻底推行之前，这种特色尤为明显。正因为家国同构，才有了“修身、齐家、治国、平天下”之说，帝王的家事即国事，国事亦与帝王的家事相关联。而周公对武王、成王的辅佐，既是对国的忠诚，也是对家族的忠诚。

周王朝是由一个西方的小部落发展起来的。在商朝强大的时候，周是臣服于商的异姓诸侯。商纣王在位时，周文王姬昌为西伯侯。他修德睦邻，努力发展生产，使周成为众多诸侯国中实力最强、最有威望和号召力的国家。许多人才和诸侯纷纷归顺西伯侯，以至于当时周达到“三分天下有其二”的程度。不过姬昌仍然恪守臣节，依然保持对纣王的忠诚。文王死后，武王即位，此时的纣王已荒淫无度，人神共愤。武王便联合各诸侯国起兵伐纣，商郊牧野殷军倒戈，纣王自焚。武王灭商后，因为过度劳累，患了重病，宫中和朝堂无主，周陷入了严重的危机。

这时，周公站了出来。他觉得作为武王的弟弟，要对兄敬；作为武王的股肱之臣，他要对君忠。于是他建立了三个祭坛，向太王、王季、文王祈祷，求让自己代替武王去死，以安天下。

太王、王季、文王是武王、周公的先人。那时的人认为，有德的帝王死后，其灵魂将升天，成为天帝的辅助（所谓“宾于帝”），后世子孙向祖先和天地祷告，祖先和天地会赐福。太王就是古公亶父，是让周族兴盛的关键人物之一。他有三个儿子——泰伯、仲雍、季历。季历的儿子便是姬昌。太王看到姬昌出生时有祥瑞之兆，认为他将来是圣王，因此有意传位给季历以传孙姬昌。但根据商代的宗法制度，不能直接传位于季历。泰伯、仲雍知道了父亲的心意，便故意逃到吴越地区。那时的吴越还是未开化的地方，泰伯、仲雍割断头发，在身体上文少数民族的花纹，以此表示自己已混同“蛮夷”，不具备继承的资格。泰伯、仲雍这样做，既实现了父亲的愿望，又不使父亲为难，不陷父亲于不义。正因如此，孔子赞叹：“泰伯，其可谓至德也已矣！三以天下让，民无得而称焉。”大意是，泰伯这人，我真是佩服。他无私地让出天下，人民都找不到语言来称赞他。周代能够兴起，和其家族成员的忠诚、和睦是分不开的。

这种忠诚也延续到了周公身上。周公向太王、王季、文王祷告，祈求他们保佑武王健康平安。他的祷辞是这么说的："若尔三王是有丕子之责于天，以旦代某之身。予仁若考，能多材多艺，能事鬼神。乃元孙不若旦多材多艺，不能事鬼神。乃命于帝庭，敷佑四方，用能定尔子孙于下地，四方之民罔不祇畏。呜呼！无坠天之降宝命，我先王亦永有依归！今我即命于元龟。尔之许我，我其以璧与珪，归俟尔命。尔不许我，我乃屏璧与珪。"（《尚书·周书·金縢》）大意是：如果三位先王在天上需要儿子服侍，请让我姬旦代替兄长姬发吧。我灵巧能干，多才多艺，能侍奉鬼神。周王姬发不如我多才多艺，不会侍奉鬼神。他受命于上天，拥有天下四方，能使你们的子孙在人世安定地生活，四方人民无不敬畏他。他能使天赐宝运长守不失，我们的先王也能永享奉祀。现在我已经用神龟占卜，你们若能答应我的要求，我将璧与圭献上，听从吩咐。你们若不答应，我就把璧与圭丢弃掉。周公这是在向祖先祈求，希望自己能代周武王去死。周公此举于国而言，是臣子尽忠；于家而言，是弟弟尽悌道。

后来武王暂时恢复了健康，周公命人将这个祷辞封在盒子里。不过好景不长，武王不久还是去世了。这时成王年幼，周公与召公奭共同摄政，以周公为主导。历史上甚至有人认为，周公当时是摄政王。周公大权在握，又有人望，而成王年幼，难免会有人对他产生猜忌。周公的兄弟管叔、蔡叔和霍叔便对周公掌权不服，散布谣言，说周公将对成王图谋不轨。他们还勾结纣王之子武庚，煽动东夷几个部落，发动叛变，史称"三监之乱"。周公由此作《大诰》，率军东征——杀武庚，诛管叔，放逐蔡叔，贬霍叔为庶人，还消灭了参加叛乱的五十多个小国，将周朝的统治地区延伸到东部沿海，大大地稳固了周朝的统治。可以说，周武王完成了灭商的功业，周公则为周朝的统治添上了最坚固的柱石。创业维艰守业难，家庭也是如此，需要每一代人的坚持与努力，需要每一个成员对家族和事业的忠诚。

周公的功劳大，反而引起成王的猜疑。还政成王后，为避免猜疑，周公一直居住在东方的洛邑，守护东方国土。周公后来病死，遗言是想葬在成周（镐京），以默默守护自己的侄子成王，但成王把周公葬于毕，使周公服侍文王。这一年秋天，民间出现了异象：庄稼颗粒饱满，一看就是丰收之景，然而未等人们收割，忽然狂风大作，庄稼倒伏，大树被连根拔起，天空中电闪雷鸣，人们非常恐惧。成王这时候打开周公封在盒子中的祷辞，才知道周公当年尽忠的那段真相。他对自己怀疑周公的事懊悔不已，于是按周公的遗愿将其改葬，并亲自去郊外迎接周公的神主。据史书记载，这时天空忽降细雨，风改变方向，把吹倒的庄稼又吹起来，周朝获得了大丰收。

周公在国家危难之时，临危受命，作为摄政王，单凭行为确实很难判断他是忠臣还是篡国之佞臣。周公曾经向姜太公和召公奭表达过他的忠诚和志向，并获得了他们的认可。这种忠诚，既是对家庭的忠诚，又是对国家的忠诚。这种忠诚，不仅维护了周王室的长治久安，也使周公自己的家族获得了赞誉。成王把周公当作君王一样看待，赐给鲁公伯禽天子礼乐，使鲁国君主能以天子礼祭祀周公，这是其他诸侯国想都不敢想的。周公的忠心给家族带来了善报。

二、“周公吐哺”，礼贤下士

周公有一篇著名的家训，即《诫伯禽书》。当时，周公本被封为鲁国的诸侯，但成王尚且年幼，国家政权不稳定，周公便留在王都摄政，让长子伯禽代他去鲁国。《史记·鲁周公世家》记载，伯禽临行前，周公告诫伯禽说：

我文王之子，武王之弟，成王之叔父，我于天下亦不贱矣。然我一沐三捉发，一饭三吐哺，起以待士，犹恐失天下之贤人。子之鲁，慎无以国骄人。

周公的意思是：我作为文王的儿子，武王的弟弟，成王的叔父，按权力、声望和地位来说，也不算卑微了。但我仍然在洗头的时候三次握起湿着的头发，吃饭的时候三次吃进去又吐出来，这是因为如果有贤能之士来见我，我就马上出去接待他们，不敢怠慢，这样才能够不失去天下的人才，得到人们的信任。你到了鲁国，千万不能因为自己是一国之主，便傲视国人啊！

周王朝以宗法制与分封制统治天下。嫡长子继承天下，成为王；其他儿子被分封到其他地方，成为诸侯王。那时的周王朝，还没有强大到将其他所有部族纳入自己的行政范围。为了维持王朝的统治，周天子不仅分封同姓诸侯，还分封异姓诸侯。异姓诸侯国，一般是灭商的联盟侯国，或者是周王室的功臣，比如姜太公被封于齐。周王室常用通婚的方法联络异姓诸侯，以婚姻“合二姓之好”，所以周王室以及姬姓的诸侯国，便与异姓诸侯国结成甥舅关系。换句话说，当时的周王朝，就是一个大家庭：同姓的属于宗法关系的范畴，异姓的多是姻亲。周天子于天下而言是君主，于家庭而言则是家长。大夫对于诸侯、诸侯对于天子的效忠，既是政治上的，又是家庭伦理上的。异姓诸侯作为姻亲之国，一方面辅助周王朝的统治，另一方面也给周王朝带来了新的文化和力量。所以，如何笼络异姓诸侯，也是周天子必须考虑的治国方略。

周天子非常明白，仅靠姻亲来联络诸侯国是远远不够的，因此在治国治家时还表现出另外一个特点，即“尊贤”。姜太公是当时非常有才能的人，故周文王谦虚地向他求教，“学焉而后臣之”，终于获得姜太公的辅佐而一匡天下。要获得其他人的支持，首先要谦虚。周公每天兢兢业业、日理万机，但遇到有贤能的人来拜访，必定中断沐浴或饮食而去接待，正是这种礼贤下士的谦虚态度，使他获得天下贤才的信任。老子说，大海之所以能让千万条溪流都朝向它，是因为它处在最低下的地方。周公的谦以待人，正是如此。后来曹操读了周公的《诫伯禽书》，写下了“山不厌高，海不厌深。周公吐哺，天下归心”的名句，是对周公善待贤能的最佳总结。

对于一个新封的诸侯王来说，谦虚尤其重要。伯禽被封在鲁地，这个地方土地较齐国稍丰厚，人口更多，民风也更为淳朴。但伯禽没有因民风淳朴而轻视其民众，因为他知道在一个地方开辟国家，尽管有周天子的授命以及赐予的士卒、人民和礼器，也还需要虚心地接受当地贤人的意见，才能与当地融为一体。伯禽的礼贤下士，使鲁国大治。当时淮夷、徐戎叛乱，伯禽配合成王，讨伐徐戎，一举而定鲁，也使周王朝获得了稳定和统一。伯禽的后代在鲁地的统治，相较于其他诸侯国，基本是稳固的。周公不但以此教育儿子伯禽，也以此教育侄子周成王。他告诫成王说，千万不要慢待贤人、欺侮老幼。

谦虚，不仅包括对其他人的尊重，还包括对上天的敬畏。内心无所敬畏的人是可怕的，因为他们往往会肆无忌惮。如商纣王，当各地诸侯都已反叛的时候，他还以一种傲慢的口气对臣民们说："呜呼！我生不有命在天。"意思是我做帝王的命运是天定的，叛贼能奈我何？他认为自己不管做什么事，上天都站在他这一方，所以他无所敬畏、肆无忌惮。西方的周文王，则小心翼翼，昭事上天。他们认识到，上天对一个家族、一个国家的赐予或帮助，不是无条件和永恒的，上天只扶植有德之人、有德之家。文王、武王、周公一直以"小邦周"自居，称殷商为"大邑商"。文王使周达到"三分天下有其二"的程度，仍然向纣王称臣，并不放弃劝说纣王；武王会八百诸侯，观兵孟津，感觉天命未到，便不轻易冒进，而是重新整顿力量。这些都是谦虚、敬畏的体现。在当今社会，我们须知内心的敬畏，须有道德的底线，只有如此，才可以"得道者多助"（《孟子·公孙丑下》）。与此相反，则是天怒人怨、众叛亲离。对于国如此，对于家亦然。

三、"君子所其无逸"

《周易》的乾卦，其《大象传》十分有名："天行健，君子以自强不息。"《周易》的爻辞据说是周公所作。乾卦九三爻的爻辞有言："君子终日乾乾，夕惕若厉，无咎。"意思是说，君子一天到晚都奋发有为，到了晚上仍十分警惕，就好像遇到危险一样谨慎。君子保持这种状态，就会没有灾祸。

著名的思想史学者徐复观先生在总结周代人文精神时，特别点明了周人的忧患意识：这种忧患意识是先秦儒家人文主义的源头，标志着中国传统文化由原始宗教向人文主义的转化，并预示着以后几千年整个中国文化发展的人文主义的根本趋向。而这种忧患意识，最集中地表现在周公身上。我们前面说到他“一沐三捉发，一饭三吐哺”，既是谦虚之故，也是忧患意识使然。

创业是艰难的，古人常用“筚路蓝缕，以启山林”来形容。但基业建立之后，家族或国家的继任者们往往体会不到当时的艰苦，认为财富和权力的拥有是理所当然的，容易骄奢淫逸。周公追随文王、武王，知道家族创业的艰辛，更知道维持这份事业的不易。周代分封诸侯，往往赐给他们青铜礼器，上面常刻有一句话：“子子孙孙永保用。”这句话的重点不是青铜器的长久保存，而是祈求子孙绵延和事业长久。

周武王去世的时候，据《史记》记载，成王尚在襁褓之中。在和平时代成长起来的君主，容易贪图享乐。周公非常注重成王的教育。为了使成王成为一代明君，继承其祖其父的基业，周公给成王作了各种训诰，它们被史官记录、整理下来，便成了《尚书》中的许多文章。其中《无逸》乃是最有名的一篇。

《无逸》一开头便告诫成王：“君子所其无逸。”居于天子之位，一定不要贪图安逸，要“先知稼穑之艰难”。周的祖先后稷，是舜禹时候的农官，他教导百姓种植庄稼，人民不再因只吃鱼虾而生病。《诗经·生民》记载，后稷出生不久就能种大豆，种的禾粟嫩苗青，麻麦长得又旺盛，瓜儿累累果实成。后稷稼穑，善于辨明土地特性，让五谷按照其特性繁茂生长，人民喜获丰收。后稷以后，周人便比其他部落更了解稼穑艰难。那时社会生产还没进入铁器时代，青铜器贵重，耕种主要是靠木、石、骨制成的工具，“刀耕火种”是那个时候常见的景况。一个农夫一年劳动所得，除去勉强维持温饱的部分，能交给王室和诸侯的并不多。如果王室的赋税再重一些，很多人便食不果腹。

王室对耕种的影响，主要有两个方面，一是赋税，二是徭役。尤其是后者，对正常的生产破坏极大。一般说来，动用民力筑城、修路等，最好是在秋收之后进行，以做到“不违农时”。但骄奢淫逸的君王则不管这一套。大的建筑工程，不仅需要的人多，而且耗时长久，必然耽误农时。除了追求壮丽的宫室，历史上还有很多君主、贵族变着花样玩耍。比如尧帝的儿子丹朱，居然喜欢在地上行船。地上如何能行船？当然是让民夫在旱地拖着船走。隋炀帝沿大运河游览，征调了大量民夫来牵引他的龙船，已是十分骄奢，丹朱居然让人在旱地上拉着他坐的船巡游，荒唐至极。无怪乎尧没有把王位传给他，而是给了舜。骄奢的人，整日游手好闲，想着如何打发光阴，如何满足自己的各种欲求，必定会疏于正道事务。

在《无逸》中，周公给成王举了四个勤政的模范：殷商的中宗、高宗、祖甲，以及成王的祖父周文王。殷中宗敬畏天命，在治理民众方面不敢有丝毫的懈怠，最后享国七十五年；殷高宗在父亲死后，守丧三年，居住在庐棚里，一言不发，将国家大事委托给冢宰，他亲政之后也不随便发言，但一发言便直中要害，使商朝获得中兴，他在位五十九年；祖甲曾在民间生活，深知民众疾苦，即位后特别体恤民众，不敢逸豫，从不歧视孤寡之人，他在位三十三年。此后商朝的国君一个比一个放纵，享国也短，最后使成汤的基业毁于一旦。周文王善仁谦恭，安抚庶民，施德孤寡，从早晨到中午再到太阳偏西，几乎没有工夫吃饭，全用于造福万民，从不敢懈怠，恭恭敬敬操劳政事。文王中年即诸侯之位，在位五十年。

周公给成王树立了四个正面典型，又列举了纣王这个反面例子。除了一般的骄奢，他尤其点明了纣王"酗于酒德"。不酗酒为何在"无逸"的要求中如此重要？这有两个原因：一是酒是消耗品，酿酒需要大量的粮食，这在生产力不高的时代，显然是比较奢侈的。即便到了宋代，司马光在《论风俗劄子》里面也提到，饮酒之风不利于农粮的丰赡。二是饮酒过度会乱德。古代酒的主要用途是礼。祭祀上天、祖先，都要用酒，君主宴请贤人，乡里增加情谊，也需要酒。但喝酒的场合、对象和数量，是有节制的。过度饮酒，狂醉迷乱，是对礼法的极大破坏。据说纣王建造了"酒池肉林"，男女裸体追逐于其间。有这样的国君，国家如何不败亡呢？小到一个家庭，其成员过度饮酒也往往出事。周公也是有鉴于此，而以勿酗酒训诫成王。殷商人喜好饮酒，亡国之后此风仍不衰。当时殷商遗民居住在卫地，饮酒不辍，周公把康叔封在卫地后，给康叔作了《酒诰》，让他限制本国人的酗酒风气。

事实证明，周公的教育非常成功。周成王最终成为一个非常勤勉有为的君主。他在位期间联合堂兄鲁公伯禽东征淮夷、徐戎，大获成功，四方皆归顺，同时他还兴正礼乐，使民众和睦，百姓纷纷称颂其功业。

四、制礼作乐，移风易俗

关于礼教，还有个故事。周公命儿子伯禽代替自己做鲁公。伯禽在鲁三年，才回京师向周公汇报。周公问他为什么这么晚才汇报，伯禽说："变其俗，革其礼，丧三年然后除之，故迟。"意思是：我到任后，改变他们的风俗，革新他们的礼仪，给他们制定三年之丧。等到他们除丧，礼仪的变革才结束，所以迟了。与此相对的是，姜太公到齐国，五个月就回朝廷来汇报。周公问他为何这么快，太公说：我自然是为政简易，随顺当地风俗。

我们这里不争论齐、鲁的管理方式谁优谁劣。应该看到的是，伯禽其实忠实地传承了其父的精神——重视礼乐文明，以及其移风易俗的作用。我们说周公最大的贡献，除了具体的政事实践，乃在于他"制礼作乐"，使周代文物大备。不少人认为，现在十三经之一的《周礼》，就是周公平定叛乱之后，制礼作乐，以致太平之书。周礼与周公，紧密联系在一起，周公成了周礼的象征。

由此，周公的封地鲁国，自然也传承了其礼乐文化。伯禽身承周公的教育，在鲁地推行周的礼乐，三年之后取得了成功。从此鲁国变成礼仪之邦。到春秋时代，礼崩乐坏，列国不秉周礼，而鲁国成为保存礼乐文明最完备的国家。鲁襄公的时候，吴国的季札到鲁国游历，听到太师演奏的乐之后，十分慨叹。鲁昭公的时候，晋国的大夫韩宣子到鲁国，见到鲁国保存的典籍，他便感叹：周礼都保存在了鲁国啊，我现在终于明白周公的德行和周朝能成就王业的缘故了。晋与鲁，同为姬姓诸侯国，晋国离周王室更近，但晋国的大夫却羡慕鲁国礼乐的完备，可见鲁国奉行周公之礼，传承得十分认真。

鲁国的历代国君奉行周礼，还救了国家一次。据载：鲁庄公的夫人哀姜与当时的公子庆父私通，庄公死后，公子般即位，庆父唆使人杀了公子般，让闵公即位。齐国的仲孙湫去鲁国访问，回国后，齐桓公问仲孙湫鲁国的情况，仲孙湫回答说，庆父不死的话，鲁国祸患就不会结束。齐桓公又问，现在可不可以灭掉鲁国呢？仲孙湫否定了齐桓公的想法，其理由就是鲁国还没有放弃周礼，周礼是鲁国的根本，现在鲁国的根本还没失去，就不可能灭亡。

当然，鲁国的君主因不循礼法而导致身死家破的也不少。比如鲁桓公弑兄而立，自己的夫人文姜与其兄长齐襄公私通，鲁桓公最后在齐国被齐襄公杀死。鲁桓公的儿子鲁庄公，忘记了父亲的大仇，又娶了齐国的哀姜，哀姜与公子庆父私通，虽然没有弑庄公，但唆使人连续杀死了庄公的两个儿子，直到齐桓公把哀姜杀掉才平息了这场祸乱。《周易》上说："积善之家，必有余庆；积不善之家，必有余殃。臣弑其君，子弑其父，非一朝一夕之故，其所由来者渐矣。由辩之不早辩也。"桓公、庄公不秉持祖先制定下来的礼法，莽撞妄行，故而酿成祸乱。

但无论如何，伯禽在鲁地所推行的周公之教是成功的。整个鲁地的百姓比较笃守礼仪，爱好经学。因为周公的影响，这里才诞生了颜徵在（孔子之母）、孟母等伟大的母亲，才培育出孔子、孟子这样的圣人。不管是秦灭鲁，还是后来刘邦取鲁，这里都能弦歌不绝，以至于司马迁感叹齐鲁的人民自古以来就爱好诗书礼乐，是他们的天性。其实这哪是什么天性，是周公和孔子的流风余韵啊！

民间有一种说法，叫"万事问周公"，周公成为中华儿女心目中最有德性、最有文化的人。与孔子稍不同的是，周公还具有摄政王、鲁国先祖等较高的政治地位，参与了许多政治实践，因此他的家训多上升到国家的层次。这些训诫能施之于国家，同样可以施之于家族。一个国家的兴衰，与一个家族的兴衰，虽规模有所不同，但治理智慧却可以相通。忠信为家（国）、谦虚待人、无逸戒惧、秉持礼义，这些都已成为塑造中华民族优良家风的基本元素。周公的影响，可谓深远长久！

第二章

孔子：诗、礼庭训明仁义

不学《诗》，无以言。不学礼，无以立。

——孔子庭训

继周公之后，中国出现了另一位伟大的思想家、教育家，他在当时就被奉为“天纵之圣”“天之木铎”，在后世更被尊为“至圣先师”“万世师表”。这个人就是孔子。他所创立的儒家学派影响了中国两千多年，直至今日仍被视为中华民族传统文化的根基之一。

孔子是春秋时期的鲁国人，据《史记》记载，其祖上为殷商之后，周时被封于宋国。后来孔子的曾祖让弟弟继承国君之位，辗转离开宋国来到了鲁国。等到孔子出生，家境已然堪忧，父亲又早逝，所以孔子年少时的生活十分清贫，给别人记过账、放过牛。但是孔子一心向学，并崇敬周公，立志改变时代面貌，恢复礼乐制度。

当时，鲁国的政治为季孙氏等贵族把持，国君的权力已被架空。鲁国的贵族内部也是勾心斗角，国家正处于礼崩乐坏的境地。孔子想在鲁国推行仁政，恢复礼乐，终不能成，孔子无奈，离开了鲁国。从卫国到齐国，从齐国到楚国，孔子游历十几年，可谓尝尽了人间冷暖，但他始终没有放弃自己的仁政理想。晚年的孔子，再次返归故国，一心教书育人。孔子去世之后，儒家思想经曾子、子思、孟子传承，到汉武帝时期“罢黜百家，独尊儒术”，儒家思想成为统治阶层的主流思想，对后世产生了不可估量的影响。

在儒家思想流传的同时，孔子家族也一直没有断绝，是有迹可查的世界古老的家族之一。尤其可贵的是，不管世事如何变迁，孔氏一族总是人才辈出，并能以优良的品行处世。那么，是什么让这个家族一直长盛不衰、绵延至今呢？这就不能不提孔门的优良家风了。

一、学“诗”“礼”以传家

孔子家风的源头，要从孔子对儿子孔鲤的教育说起。这个故事在《论语》中有明确的记载。

孔子的儿子叫孔鲤，传说这个孩子出生的时候，鲁国国君派人给孔子送来一尾鲤鱼以示祝贺，孔子非常高兴，因此给儿子起名鲤，字伯鱼。孔鲤是孔子的独子，他长大后也和孔子的诸多弟子在一起学习。有一天，孔子的学生陈亢拦住了孔鲤，问：伯鱼啊，老师有没有背着我们教你一点什么别的东西啊？孔鲤说：没有啊，和大家都是一样的。不过，有一次，我看见父亲独自一人站在庭中，我就小步快跑，到了父亲跟前。父亲问，伯鱼啊，最近学《诗》了吗？我说，没有。父亲说，不学《诗》，无以言。我就赶紧回去读《诗》了。又有一天，还是在中庭，父亲问我，伯鱼啊，最近学礼了吗？我说，没有。父亲说，不学礼，无以立。我就赶紧回去学礼了。陈亢一听，嗯，老师确实没有给伯鱼开小灶。为什么这么说呢？因为在当时孔子的教育体系当中，《诗》《礼》都是孔门弟子的必读书目，陈亢和孔鲤学的都是一样的。而且，孔子的后代子孙们都牢牢记住了孔子对孔鲤的训诫，并把这种训诫的方式称为“庭训”。孔门家风，开宗明义就是学“诗”、学“礼”，它成为孔门子孙加强自我修养与教育后代最为重要的一条训诫。

那么，“诗”与“礼”对当时的孔子究竟意味着什么，孔子为什么要把它们提到如此重要的地位，而这样一条圣人的亲训又给后代带来怎样的影响呢？

“不学《诗》，无以言”，这是孔子对《诗》的评价。春秋时代，上层人物之间的对话有引用《诗》的习惯，以《诗》的内容表达自己的情感与诉求。例如《左传》中记载了这样一个故事。

晋文公重耳在获得王位之前，曾经遭人诬陷，被父亲猜忌险些丧命，为了逃避追杀，他不得不选择流亡国外。经历了多年的颠沛流离之后，重耳来到了秦国。当时主政秦国的是秦穆公，他非常欣赏重耳，热情款待，甚至把自己的女儿嫁给了他。在一次宴会上，重耳对秦穆公说："沔彼流水，朝宗于海。"这出自《诗》中的《沔水》。重耳借着诗句表达心愿：我重耳就是河水，愿依附您这浩荡海洋。秦穆公听出了重耳的心意，回应了一首《六月》。《六月》也是《诗》中的一篇，讲述的是周宣王庆祝大臣凯旋的故事。秦穆公用这首诗歌作答，表示自己对重耳的欢迎，以及将来对重耳的支持。这一颂一答，不懂《诗》的人会觉得这两人什么都没说，而熟悉《诗》的人都明白，这两个人已经把自己的心迹表露无遗。这样的例子，在春秋的政治生活中并不少见。

另外，众所周知，《诗》在孔子之前就已经存在多年，而后来的所谓的"诗三百"（就是我们后来读到的《诗经》），是由孔子删定而成。删诗，是一项巨大的文化工程，也是思想工程，孔子在《诗经》中寄托了自己对文学、对社会、对人心的理解与期待。所以，孔子在审视《诗经》时说："《诗》三百，一言以蔽之，曰：'思无邪。'"这说明《诗》在孔子的理解中，不仅可以用来与人对答，还可以陶冶人心。学《诗》也不仅是学说话，还要学《诗》中生发出来的道德力量，所谓诗教就是从此而来。那么，学《诗》对于后代来说，更是一种道德情操的陶冶与修养了。

"不学礼，无以立"，则是孔子在向儿子强调"礼"的重要性。可以说，"礼"和"诗"是相辅相成的。"诗"陶冶人的内在道德情操，而"礼"规范人的外在行为准则。大而言之，是一个社会能够正常运行的法则；小而言之，是一个人能够在社会中自处的规范。孔子非常重视"礼"的意义，这从他一生的重大选择中可以看出。

孔子一生两次离开鲁国，可以说都与"礼"有关。第一次出走是孔子三十五岁那年，鲁国贵族季孙氏，"八佾舞于庭"，就是观看六十四个舞伎的舞蹈。孔子得知后，说出了那句著名的"是可忍也，孰不可忍也"后，远走他乡。人们可能要问，为什么一段舞蹈让孔子如此愤怒呢？这就涉及当时的"礼"。按"礼"，天子用八佾，诸侯用六佾，而作为贵族的季孙氏用八佾，就是对“礼”的践踏，这是孔子绝对不能容忍的。第二次出走发生在孔子做鲁国大司寇之时。孔子能够出任大司寇，主要的原因是鲁国的掌权者季桓子的支持。但是，正当孔子干得风生水起时，邻国齐国有点怕了，就给季桓子送了一大批美女。于是，季桓子整日沉迷女色，三日不问政事，国事眼看就要荒废了。这时孔子的学生子路有点坐不住了，就对孔子说：“夫子可以行矣。”从中可见，师生两人对这件事情早有讨论。但是，孔子却说再等一等。他等什么呢？原来，马上就要春祭了。按“礼”，季桓子在春祭时要给孔子送一块肉。“鲁今且郊，如致膰乎大夫，则吾犹可以止。”孔子依然希望季桓子能够按礼制送给他祭祀用的肉，如果季桓子真的这么做了，孔子觉得还是可以劝说他重新走上正途的。然而，春祭的日子到了，肉却没有送来。孔子终于下决心第二次离开鲁国，开启了他十四年的周游列国之旅。这时，又有人难免疑惑：季桓子沉迷女色都无法让孔子下决心出走，为什么一块肉就让孔子这么决绝呢？后来，孟子解释说，“不知者以为为肉也，其知者以为为无礼也”。所以，孔子最终看重的还是“礼”。

历代孔门子弟当然非常清楚孔子对“诗”与“礼”所倾注的心血，这是孔子对人内在修为与外在行为的基本要求，同时也是最高期待。所以，“诗”“礼”传家，当仁不让成为孔门家风的源头，从孔鲤开始，成为孔门家风中第一条训诫，当然也为后世无数的孔门子弟亲身实践。在孔子的诸多后代中，他的二十世孙孔融可称为这方面的楷模。

孔融，字文举，东汉末年人，时称孔北海。他在文学方面很有建树，位列建安七子之中，但是明代杨慎却说孔融：“以文章之末技，而掩其立身之大闲，可惜也！”意思是说，文章对于他来讲只是人生的细枝末节，而世人因此称赞他，就淹没了他秉持的立身准则。杨慎为什么这么说呢？这要从孔融所处的时代说起。

东汉末年是个离乱的年代，很像孔子所处的春秋末期，群雄并起，纲常混乱。有德者，早就让位给有能者。但是孔融身处其中，却接续孔子的衣钵，把“诗”“礼”养成的道德品质看得非常重要。孔融不仅个人文学成就斐然，更重要的是，他能在一个乱世中，以自己的生命去实现这个“礼”。孔融身上有很多故事。例如孔融幼年时让梨的故事，告诉后人他懂得兄弟之间的孝悌之礼。成年之后，孔融做官，适逢曹操主政。官渡之战后，曹操攻陷邺城，大肆放纵士兵，还抢夺袁绍的妻女，曹丕就把袁绍的儿媳妇甄氏据为己有。孔融得知这件事情之后，就给曹操写了一封信，说“武王伐纣，以妲己赐周公”。曹操没有明白什么意思，他知道书中记载，武王伐纣之后，是把妲己杀了的啊，孔融为什么这么说呢？后来，他问孔融这句话出处在哪儿，孔融回答：“以今度之，想其然也。”曹操突然明白，这是在讽刺自己儿子强娶袁绍的儿媳妇，于是恼羞成怒，不久就贬了孔融的官。但是，贬官并没有吓倒孔融，当看到曹操身为汉臣，多有不轨之心、僭越无礼的时候，孔融又几次讽刺曹操，甚至当面指责，最终被曹操杀害。

孔融虽然死了，但是他不畏强暴，以才华成“诗”，名重天下，以生命护“礼”，德被千载，成为后世称赞的道德楷模。而后世从一个又一个“孔融”的身上，也越来越清晰地明白，孔门“诗”“礼”传家的训诫，注重人的内在修养与社会规范之间的联系。它启示着后人不断思考：如何锻炼自己的内心，以及如何以自己的内心去面对我们所在的世界。

二、“见善如不及，见不善如探汤”

曲阜孔府，存世两千余年。据记载，孔子谢世之后，他的嫡系后人就居住在那里，主要是看护孔子的遗物。后来，儒家思想的地位越来越高，孔府的规模也越来越大，尤其到了宋明之时，孔府几经扩建，成为我国规模仅次于故宫的最大的私人府邸，所谓“天下第一家”。走进孔府，其内蕴的文化意味令后人赞叹，而孔门的家风经过两千多年的陶冶，早就渗透在孔府的一草一木当中。

据传，在孔府西门内，有一口大铁锅，每天孔家都会有人带着薪材前去烧水。让人诧异的是，水沸即回，开水并无人使用。这一举动，是孔府一直不变的规矩。为什么会有这样的怪异举动呢？细细探究起来，这其实是孔门子弟用行为阐释着孔子的善恶观念。

孔子曾说："见善如不及，见不善如探汤。"汤，就是沸水的意思。他在告诉人们，面对善与不善应该是什么样的态度：如果有从善的机会，一定要抓紧去做，就像如果不做就再也没有机会一样；如果遇到不善的事情，那一定要赶紧回避，就像把手探入沸水中一样。这是孔子的善恶观非常形象的表达。它成为孔门家风中一项非常重要的内容，提醒人们一定要善恶分明。后人为了更好地铭记孔子的训诫，渐渐形成了这样一个烧水的习惯。水沸则止，貌似无用，其实在这一过程中，人们看到的是孔子对"不善"的态度。

孔子一生主张仁政，为此四处奔走，留下很多关于从善的格言，如"三人行，必有我师焉：择其善者而从之，其不善者而改之""见贤思齐焉，见不贤而内自省也"，等等。在劝人从善的时候，一般来讲，孔子给人留下了温柔可亲的形象。因此，人们往往容易忽略孔子在面对不善的时候所体现出来的决心和勇气。

孔子一生历经许多艰难困苦，遭逢的恶事更是比比皆是，但是要说给他带来最大麻烦、在道德上构成挑战的，非阳虎莫属。这个阳虎也是鲁国人，是当时鲁国权臣季桓子的家臣。这人是典型的有能无德，他的名言是"为富不仁矣，为仁不富矣"。这与孔子的政治主张恰好相左。这个阳虎一心钻营，深得季桓子信任，后来就架空了季桓子，成为鲁国真正的掌权者。当时，孔子也在鲁国，以教书为生。阳虎深知孔子是鲁国的大才，有学识，又有声望，要成就事业，就必须请孔子出山辅佐自己。为了达到这个目的，阳虎可谓做足了功课。

有一天，阳虎派人给孔子送去了一只烤猪。这在当时，是以"礼"相待。他深知，孔子尚"礼"，一定会遵循礼尚往来的习俗，给自己回礼。如果孔子拿着礼物来拜会自己，那么就可以趁机网罗孔子为自己效力了。孔子早就看透了他的企图，但也陷入了两难的境地：不回礼，有悖礼俗；回礼，有悖自己的道德。孔子无奈，只得与他周旋。孔子先派自己的弟子打听阳虎的行踪，趁着阳虎不在家，孔子忙去还礼。这既合乎礼，又能让自己避免与阳虎见面，可谓两全其美。但就在孔子觉得自己此计甚妙之际，阳虎迎面而来。孔子当时的窘迫可想而知了。

阳虎率先发难，说：孔子啊，你明明有治国的才能，却不肯为国家效力，听任我们的国家陷入离乱当中，这能叫“仁”吗？孔子回答：不能。阳虎又说：我知道，你是想要做出一番事业的，但是时机来了，你却坐失良机，这能叫“智”吗？孔子回答：不能。阳虎感叹：孔子啊，岁月如流，时不我待啊！孔子只好表态：你说的对，我同意出来做事。

看这一问一答间，孔子已经有点招架不住了。阳虎的话简直是入情入理，让人无力反驳。所以，经过这样的事情，孔子明白，“不善”这种东西，并不一定是以穷凶极恶的面目出现，它可以有很多种方式，比如以理性的方式、以感人的方式、以礼节的方式。一旦人的内心不够坚定，那么就会被种种假象所蒙蔽，一旦自己的内心对善恶有哪怕丝毫的模糊，就有可能做出丧失自我的判断。豪杰者如孔子，还不是被阳虎逼迫得无路可退，只能唯唯诺诺吗？幸好后来阳虎很快倒台，逃亡国外，不然孔子的生命轨迹就可能要被改写了。

孔子明白人性是有弱点的，正如孔子所言：“吾未见好德如好色者也。”坚守德行，全凭内心的坚定。而色，则可以是很多种诱惑。不善，也是如此。所以，孔子告诉后人“见善如不及，见不善如探汤”，便是针对人性的弱点而发。面对善与不善，不能含糊，不能找借口，不能给自己设置道德缓冲，要像把手伸进沸水时瞬间的条件反射，果断地拒绝，不然就很容易沦为不善的帮凶。关于孔子的另外一个故事，也印证了这一点。

这个故事发生在孔子的晚年，当时鲁国的国政由季康子把持，而孔子的弟子冉有和季路是季康子的家臣。有一天，孔子听说季康子要出兵侵略颛臾，很是气愤，就把冉有和季路这两个弟子找过来询问。

孔子说：冉有啊，我恐怕得责备你啊，你们怎么能帮着季康子侵略颛臾呢？冉有说：老师，不是这样的，我们并不想出兵啊，是季康子要这么做，那我们也没有办法呀！听到冉有的狡辩，孔子更加气愤，孔子说：冉有啊，周任有句话说，能施展才能就担任那职位，不能这样做则不担任那职位。如果盲人遇到危险却不去护持，将要跌倒却不去搀扶，那何必要用那个辅助的人呢？况且你的话错了，老虎和犀牛从笼子里跑出，龟甲和玉器在匣子里被毁坏，这是谁的过错呢？冉有见老师生气，又找借口说：老师啊，事情不是你想的那么简单啊，你看颛臾挨着我们的费城，要是他强大了，那对我们就是很大的威胁，那还不如先下手啊！

孔子听他这么说，就明白了。其实，冉有和季路不仅没有劝阻季康子，而且在这件事情上，他们根本就没有分辨善与不善。他们看待问题完全是从现实利益出发，而不是道义。于是，孔子更加严厉地教训了他们。

面对不善的时候，人是可以找出好多借口来掩饰、去搪塞的。一旦给自己找借口，最终的结局一定是人性堕落、为虎作伥。据此我们可以理解孔府的习俗。每天有人抱薪烧水，面对沸水，孔氏子孙们面对的就是那个不能含糊对待的“不善”，沸水滚动，热浪逼人，就是提醒着后人面对“不善”到底应该采取什么样的态度。家风如此，孔府中人耳濡目染，当然懂得圣人对人性的关切和对后世的期待。而有家风如此，后世优秀的孔门子弟，也能做到“见善如不及，见不善如探汤”了。

三、“不义而富且贵，于我如浮云”

孔子的学生中，很多人才华出众，在政治、经济、文化、思想方面成绩斐然。但是，孔子夸赞最多的，是颜回。颜回这个人，为人谦逊好学，但不幸早逝。孔子曾经对鲁国的国君说，颜回死后，他就再也没有见过那么好学的人了。可见孔子对颜回的喜爱。而孔子和颜回之间，还有另外一个故事，能让后人更深刻地理解孔子的为人。

颜回的父亲颜路也是孔子的学生，在颜回去世之后，他去找孔子，说：老师，您能不能把您的车卖掉，给颜回置办一个椁？椁，是棺材的外壳，按照古代丧葬的礼仪，比较隆重的葬礼都是棺椁齐备。颜回家境贫困，而他的父亲希望能厚葬颜回，但是只能负担得起棺，却无钱买椁，于是，颜路向孔子请求援助。面对颜路这样的要求，孔子拒绝了。孔子解释说，自己是大夫，按礼，出门是要乘车的，如果无车，就不符合礼了。这时孔子透露一个细节，孔鲤死时，也是有棺无椁的。孔鲤是孔子的独子，他先逝于孔子，而且与颜回逝于同一年。通过这个细节，后人可以知道，孔子的经济条件是非常拮据的，他甚至无力为独生子和最喜欢的学生备齐棺椁。那年，孔子年近七十。所以，基本上可以肯定，孔子一生的财富，定是十分微薄的。

孔子的一生，教过书，当过鲁国的大司寇——大司寇是一个非常高的官职，而孔子居此官职三年有余，周游列国时曾经接受卫与齐的国君的礼物，又有那么多人慕名远来向他请教问题，但这样的声名地位，并没有给他带来良好的经济条件，究其原因，只有一条——“不义而富且贵，于我如浮云”。这是孔子实践一生的财富观念，在面对富贵与“义”时，孔子无疑坚定地选择了“义”。注意，这里孔子不是不能富贵，而是愿意取“义”而放弃富贵。

孔子在鲁国的政治改革失败后，气愤之下，带着弟子离开了鲁国，第一站就来到了卫国。当时的卫国主政者是卫灵公，他对孔子很是欣赏，并且准备重用孔子。据传，他给孔子准备了一个六万石俸禄的职位。孔子在鲁国做大司寇时俸禄就是六万石，所以，可以推想，卫灵公这是要把整个国家交给孔子来治理了。但是，当孔子向卫灵公推行自己的仁政理想时，卫灵公似乎并不感兴趣。“卫灵公问陈于孔子”——“陈”即“阵”，就是军事问题。孔子会不会打仗呢？答案当然是肯定的，因为在鲁国时，孔子曾亲自部署，平定了公山不狃的叛乱。卫灵公把孔子当座上宾，就是希望孔子在军事方面能够对他有所帮助。不料，孔子一听说行兵打仗之类的字词就不高兴了，他毫不客气地说：祭祀、礼仪方面的事情我还听说过，打仗的事情我却从来没学过！两人最终不欢而散。此后，孔子带领着弟子离开了卫国，继续艰苦的旅程。

这件事情表明，孔子认为，一个国家的强弱兴衰取决于是否实行仁政，而以对外侵略为国家理想的治国思路，与孔子的理念是完全相左的，是不善、不义的。那么，以行不义之事换取的富贵，孔子宁可不要。孔子为子孙界定了这样一种“义”与富贵之间的关系，这后来也成了一代代孔门子弟遵循的家风——不取不义之财。宋代之后，历朝历代统治者都对孔子的家族礼遇有加。宋以及之后的近千年间，孔子的直系子孙都被晋封为“衍圣公”，享受国家的俸禄，可谓有权有势。当然，权利的获得，很可能带来的就是私欲的膨胀，那么孔子的子孙们还能如先祖孔子一般，严守取“义”而弃富贵的训诫吗？孔子以亲身的实践形成的家风，还有其实际效果吗？

可以重新回到孔府看看。孔府千门万景，而在孔府的诸多景致中，最显眼的，要数内宅门上的壁画。这幅图上画着一个动物，它状似麒麟，细数之下，又比麒麟多一角。此动物相传为天界神兽“犺”，虽生得高贵，但生性贪婪，世间的荣华它都享受了，但是仍不满足，最终向着太阳张开大嘴，妄图独享。但是它迈向太阳的时候，被淹死在重重波涛当中。孔府当中为什么要绘制这样一幅壁画呢？传说，每一代衍圣公要出门办公，必定经过此门。路过此地时，随从都要高喊一声：“公爷过犺了！”过什么？就是过贪念。此壁画的寓意显而易见，就是告诫子孙切莫大胆妄为而有悖祖德，不管身居什么样的位置，一定不能取不义之财。每每通过此地，孔子那句“不义而富且贵，于我如浮云”，加之孔子一生的际遇以及对于良知的坚守，必然涌上子孙的心头。家风流传至此，真是润物无声。

明崇祯十三年（1640年），经过宦官乱政的明王朝，已经是千疮百孔，道德严重滑坡，国家内忧外患。为了应付关外的清军以及李自成农民军，此时的明朝各种捐税可谓多如牛毛。就在这时，山东又爆发了大饥荒，一时间饿殍遍野、瘟疫流行，让本就困顿的民生更加艰难。孔子的第六十五代孙孔胤植有感于人民的苦痛，在朝堂上为民请命，奏请减税，更难能可贵的是，他自筹善款，赈济灾民。经过他的努力，三千多饥民死里逃生，举国都感佩他的义举。这就是在孔子家风影响下，孔门子弟们对于财富的观念——不仅要取之有道，还要用之有道——延续至今。在这样“义”与富贵的界定之下，纵观历代孔门子弟，大多数都能为官清廉、爱民如子，放下贪念，不取不义之财。

孔子是我国最重要的思想家，他的言行几乎是后世的参照，他对家人的影响肯定更为全面深刻。综合来看，孔门家风中，上述三个方面是非常重要的。到了明代嘉靖年间，孔门子弟已经历经两千多年的传承，孔子的第六十四代孙孔尚贤就结合孔子的言行以及孔门子弟这么多年形成的道德风尚，总结了一篇家训，命名为《孔氏祖训箴规》。

《孔氏祖训箴规》共有十条，摘录如下：

一、春秋祭祀，各随土宜，必丰必洁，必诚必敬，此报本追远之道，子孙所当知者。

二、谱牒之设，正所以联同支而亲一本，务宜父慈子孝，兄友弟恭，雍睦一堂，方不愧为圣裔。

三、崇儒重道，好礼尚德，孔门素为佩服，为子孙者，勿嗜利忘义，出入衙门，有亏先德。

四、孔氏子孙，徙寓各府州县，朝廷追念圣裔，优免差徭。其正供国课，只凭族长催征，皇恩深为浩大，宜各踊跃输将，照限定纳，勿误有司奏销之期。

五、谱牒家规，正所以别外孔而亲一本，子孙勿得互相誊换，以混来历宗枝。

六、婚姻嫁娶，理伦首重，子孙间有不幸，再婚再嫁，必慎必戒。

七、子孙出仕者，凡遇民间词讼，所犯自有虚实，务从理断，而哀矜勿喜，庶不愧为良吏。

八、圣裔设立族长，给与衣顶，原以总理圣谱，约束族人，务要克己奉公，庶足以为族望。

九、孔氏嗣孙，男不得为奴，女不得为婢。凡有职官员，不可擅辱，如遇大事，申奏朝廷，小事仍请本家族长责究。

十、祖训宗规，朝夕教训子孙，务要读书明理，显亲扬名，勿得入于流俗，甘为人下。

仔细分辨其中条目，除了一些生活中的具体规范之外，如尊长、课税、婚嫁等，主要讲的就是崇文重礼、从善守道、尊义忘利三个方面，这些都是孔子给后人留下的总纲性的规范。这样的家风保障了这个家族的基本特色，使孔氏家族成员在文教、道德、礼仪方面有很好的修养，能够区分善恶。孔门子弟多数可以做到洁身自好，能够义字当前，不取不义之财，会把百姓、把社会理想放在更高更重要的位置上。在这样的家风引导之下，孔子一门人才辈出，在不同的时代，尤其是在社会罹乱之时，都能保持人性的善良与正义。

第三章

孟子：身承母教，浩然传家

居天下之广居，立天下之正位，行天下之大道；得志，与民由之；不得志，独行其道。富贵不能淫，贫贱不能移，威武不能屈，此之谓大丈夫。

——《孟子》

关于孟子的地位，有尧传舜、舜传禹、禹传汤、汤传周公、周公传孔、孔传孟的说法。宋代大儒程颐、朱熹也都认为，自孟子之后，中国就再也没有可以继承儒家学说的代表人物了。

孟子，名轲，字子舆，是战国时期伟大的思想家、政治家、教育家，是儒家“道统”体系中地位仅次于“大成至圣”孔子的一代大贤，被后人尊为“亚圣”。《孟子》一书是孟子的言行汇编，由孟子及其弟子共同编写而成，记录了孟子的政治观点（如仁政、王霸之辩、民本、格君心之非、民贵君轻等）和政治行动，是儒家经典著作，也是我国古代极富特色的散文专集。孟子的文章文气充沛、感情洋溢、逻辑严密，既滔滔雄辩，又从容不迫，善于用形象化的故事与语言说明深刻的哲学道理。在百家争鸣的战国时代，孟子力辟杨墨、推阐心性，为儒学的更化与中兴立下汗马功劳。除却周游列国的政治实践和激辩著书的文化功业，孟子的家庭生活和治家故事也广为流传，体现了丰厚的修身齐家思想。根据现有的资料来看，孟子的家庭生活和治家故事是以“母教”“齐家”“传家”三个维度展开的。这三个方面的故事既能完整地描绘孟子的人格形象，又蕴含着珍贵的生活智慧，值得我们去细细品味和传承。

一、孟母“三迁”“断织”以教子

中国两千多年的封建社会一直是一个以男性为主导的社会，历史几乎没有留给女性多少机会去彰显自己的存在，史家对女性也往往惜墨如金。然而，女性从来没有缺位，总会通过各种方式向历史和时代发出自己的声音，孟母便是其中的一位。在封建社会中，与男性主导地位相对应的是“养不教，父之过”的教育传统和社会心理，父亲在家庭教育中的地位最为关键，承担着教育子女的主要责任。由于孟子早年丧父，抚养教育子女的重任便落在了孟母肩上。也就是说，孟子所受的家庭教育中，父亲是缺位的，是孟母承担起了教育孟子的责任。正是凭借独特的教育理念和高超的教子智慧，孟母将自己的儿子培养成了儒学“亚圣”。

民间流传的孟母教子故事主要有“孟母三迁”“东家杀豚”“孟母断织”“孟子去妻”“孟母处齐”五个，这些故事散见于西汉韩婴的《韩诗外传》和刘向的《列女传》等典籍中，其中，《韩诗外传》记载了“东家杀豚”“孟子去妻”“孟母处齐”三事，《列女传》记载了“孟母三迁”“孟母断织”“孟子去妻”“孟母处齐”四事。在这五个故事之中，“孟母三迁”和“孟母断织”是奠定孟子一生为人、治学基业的事件，也是最为世人熟知和津津乐道的事迹。

1. 孟母三迁

邹孟轲之母也，号孟母。其舍近墓。孟子之少也，嬉游为墓间之事，踊跃筑埋。孟母曰：“此非吾所以居处子也。”乃去，舍市傍。其嬉戏为贾人衒卖之事。孟母又曰：“此非吾所以居处子也。”复徙舍学宫之傍。其嬉游乃设俎豆，揖让进退。孟母曰：“真可以居吾子矣。”遂居之。及孟子长，学六艺，卒成大儒之名。

这是西汉刘向在《列女传》中记载的“孟母三迁”故事。模仿或许是孩子的天性，即便是被后人尊为“亚圣”的孟子，其孩提时代也难以“免俗”。但是，年幼的孟子展现出来的惊人的模仿天赋却让孟母颇为头疼。住在墓地附近，孟子便每日热衷于模仿殡葬丧仪之事，孟母认为不妥，便举家迁至集市旁。孟子的模仿能力再次让母亲大伤脑筋，远离了殡葬丧仪的孟子又染上了商贾习气，于是孟母再次带着孟子搬家，这次孟母把家搬到了学校旁边。褪去商贾习气之后，孟子便专注于“设俎豆，揖让进退”，即儒家所谓的

“礼”，这让孟母大为欣慰，孟子也终于走上了“正途”。这便是“孟母三迁”的全部过程。

环境在教育过程中的重要作用已经得到了现代教育学的高度认可，儒学的缔造者孔子在两千多年前也曾说过：“里仁为美。择不处仁，焉得知？”（《论语·里仁》）这强调的正是居住环境对人的影响。孟母可能没有读过那么多的高头讲章，但根据现实生活以及孟子的表现，她却逐渐认识到环境对人的影响，并通过“三迁”，改变了孟子的成长轨迹与兴趣爱好，最终找到了“学宫”这一有利于孟子养成良好德行的环境。

当然，仅仅只是“三迁”还不足以使孟母成为中华母教的楷模，真正彰显孟母智慧的是隐藏在“三迁”背后的深刻内涵。钱新祖先生说：“在人为的世界里（包括自然科学在内）任何东西，都涉及价值判断，没有价值判断，就不可能有人为的世界。”（《中国思想史讲义》）孟母“三迁”的背后也包含着孟母自己的价值判断，孟母认为“设俎豆，揖让进退”优于“墓间之事”和“贾人衒卖之事”，更有利于孟子的成长。所谓“设俎豆，揖让进退”就是儒家主张的礼乐文明，就是孔子一生为之奋斗的“克己复礼”之“礼”。正如孔子当年为“克己复礼”奔走一生，而与那个礼崩乐坏的时代格格不入一样，孟母为孟子选择的以“礼乐”为核心的人文环境同样与时代格格不入。相较于孔子所处的时代，孟母所处的战国中期礼崩乐坏更甚，可谓有过之而无不及。那么，孟母对礼乐文明的这种信心又从何而来呢？许多人认为，这也和孟母所处的家庭环境和文化环境有关。

东汉赵岐在《孟子题辞》中说：“孟子，鲁公族孟孙之后。”这里的“鲁公族孟孙”是指鲁国公族“三桓”之一的孟孙氏。所谓“三桓”，是指春秋时期鲁国卿大夫孟孙氏、叔孙氏、季孙氏三家，因为三家俱为鲁桓公之后，故称“三桓”。鲁国公室自宣公起，日益衰弱，国政被操纵在以季孙氏为首的“三桓”手中。“三桓之乱”便是礼崩乐坏、上下失序的典型事件，孔子秉政鲁国期间，即曾试图打击“三桓”势力，但最后却因为“三桓”的势力过于强大而以失败告终。赵岐的这段记载表明，和孔子一样，孟子也是贵族后裔。这样来看，就不难理解为什么孟母会如此重视对孟子的礼乐教育了——孟子所学习的“设俎豆，揖让进退”就曾经是他们先祖的日常行为规范。

除却家庭环境，孟母这种对礼乐教育的重视也受到了文化环境的影响。《史记》载：“孟轲，邹人也。”唐司马贞《史记索隐》认为“邹”乃“鲁地名”，据学者考证，此邹国当为鲁之附属国，离曲阜很近。曲阜作为孔子故里，自然是崇尚礼乐的。或许孔子醉心礼乐的传说也在邹地流传，或许孔子追求的郁郁斯文也让邹人痴狂，至少曲阜的圣人遗风深得身在邹地的孟母之心，以至“三迁”之后孟母会以“设俎豆，揖让进退”为善，甚至孟子本人也曾说“近圣人之居，若此其甚也”（《孟子·尽心下》），可见，圣人遗风，可泽及众民。

事实证明，“孟母三迁”的教子实践是颇有成效的。成为儒家大贤之后的孟子也十分重视环境在教育中的作用。

在向戴不胜讲述臣子如何劝谏君王向善时，孟子便举例说，一个人如果想要学齐国的话最好让一个齐国人去教，而不是一个楚国人；并进一步引申说，如果君主周围都是像薛居州那样的好人，君主也就会像薛居州那样的好人去做好事，这便是向善。孟子的以上论述都是在强调周围人的重要性，除了人的因素，在孟子看来，生活环境和生存环境也可以对人产生巨大的塑造作用，在这一点上，孟子对环境与教育的关系进行了更进一步的思考。《孟子》中记载：

孟子自范之齐，望见齐王之子，喟然叹曰：“居移气，养移体，大哉居乎！夫非尽人之子与？”孟子曰：“王子宫室、车马、衣服多与人同，而王子若彼者，其居使之然也。况居天下之广居者乎？鲁君之宋，呼于垤泽之门。守者曰：‘此非吾君也，何其声之似我君也？’此无他，居相似也。”

孟子看见齐王的儿子便感叹环境可以改变人的气质，认为王子的住所、车马、衣服等都与众人同却能表现出异于常人的气质，关键原因在于王子的生活环境。“居移气，养移体，大哉居乎”“居相似也”等语句表明孟子肯定了环境对人的塑造作用，而这一切都来自当初孟母苦心孤诣的“三迁”教育。孟母用实际行动告诉孟子环境对人的重要性，也为后世万千慈母树立了苦心教子的典范。

2. 孟母断织

孟子之少也，既学而归，孟母方绩，问曰：“学何所至矣？”孟子曰：“自若也。”孟母以刀断其织。孟子惧而问其故。孟母曰：“子之废学，若吾断斯织也。夫君子学以立名，问则广知，是以居则安宁，动则远害。今而废之，是不免于厮役，而无以离于祸患也。何以异于织绩而食，中道废而不为，宁能衣其夫子，而长不乏粮食哉！女则废其所食，男则堕于修德，不为窃盗，则为虏役矣。”孟子惧，旦夕勤学不息，师事子思，遂成天下之名儒。

这是《列女传》对“孟母断织”的记载。整个“断织”的故事是围绕“学”这一核心展开的。孟子放学回家后，孟母询问他的学习情况，孟子以“自若也”应之，即和以前一样，这种漫不经心的回答让孟母非常不满，一怒之下用刀割断纺好的布匹，并以织喻学向孟子痛陈废学之害，如“不免于厮役，而无以离于祸患”“堕于修德，不为窃盗，则为虏役”，这些话让孟子大为惊惧，从而发奋求学，“遂成天下之名儒”。

其实，“孟母断织”是一个具有很强代入感的故事。我们每个人在求学阶段都有过被父母询问学习情况的经历，我们或战战兢兢，或志得意满地应对父母。孟子也一样，面对母亲的询问，孟子谨慎地给出了“自若也”的答案。这其实是一个很讨巧的答案，“自若也”三个字表明“我”在学习上可能没有太大的进步，但至少也没有退步。一般的家长可能也会接受这样的答案，可孟母的伟大就在于她能够从孟子的言谈举止中直窥问题的本质所在。孟子简单的“自若也”三个字让孟母意识到孟子在学习态度上存在着很大的问题，面临着“废学”的危险。不同于一些家长以实际的学习效果为出发点批评孩子的学业，孟母跳过了学习效果而直面孟子的学习态度，在她看来，端正的学习态度才是更重要的。

在发现孟子学习态度上的问题后，孟母没有依靠单纯的说教规劝，而是“以刀断其织”，并以织喻学，苦口婆心地规劝孟子。在孟母所处的战国时代，男耕女织的小农经济已经基本形成，在这种自给自足的经济模式之下，“一夫不耕，或受之饥；一妇不织，或受之寒”，女性的纺织成果也是十分重要的家庭财富，对于早年丧夫的孟母来说，“织业”可能是她主要的谋生手段和抚养孟子的依靠。孟子对这一点自然是很清楚的，所以，“孟母断织”的举动对孟子来说具有极强的震慑力，其教育效果自然远非单纯的说教可及。只有“断织”的举动发挥了它的震慑力，孟母在“断织”之后适时进行规劝才会真正触动孟子。

孟母的伟大还在于她对学习的认知超越了一般人，形成了自己关于学习的“理论”。透过《列女传》“孟母断织”的文字，我们发现，孟母在教育孟子的时候，并没有单纯地就学习论学习，而是把学习和道德联系在一起。“女则废其所食，男则堕于修德”，孟母直接将学习等同于修德，修学即修德，“废学”也就变成了“堕于修德”，这表明孟母对学习的认知并不是功利的，而是赋予学习以伦理和道德内涵。在儒家的传统中，孟母的这种认知也能找到理论渊源，孔子也有将“学”与“德”相等同之意。孔子说：“君子不重则不威，学则不固。主忠信，无友不如己者，过则勿惮改。”（《论语·学而》）在这里，孔子通过“不重”推导出了“学则不固”这样一个结论。我们先不去讨论孔子这个推理在逻辑上是否严谨，仅就形式而言，“不重”属于道德修养层面，“学则不固”则属于治学层面，孔子通过“君子不重则不威，学则不固”为“道德”和“治学”之间建立了一种正相关的关系，即“重”则“固”，“不重”则“不固”。《论语》中还有这样的表述：“贤贤易色，事父母能竭其力，事君能致其身，与朋友交言而有信：虽曰未学，吾必谓之学矣。”（《论语·学而》）意思是：不贪美色而重贤德，竭力侍奉父母，舍身侍奉君主，与朋友相处，以信相待，这便是“学”。正如我们之前已经分析过的那样，孟母居于邹地，靠近曲阜，颇受圣人遗风熏染，难免受其影响。

再看“孟母断织”的实际效果。《列女传》的说法是：“孟子惧，旦夕勤学不息，师事子思，遂成天下之名儒。”此事之后，孟子发愤图强，终成一代名儒，孟母的教育效果当然达到了。事实上，“孟母断织”这件事的教育意义不止于此。通过“断织”这样的教育方式，孟母改变了孟子的学习态度，使孟子终身保持着对学习的热情。《孟子》中多次谈及学习，如“君子深造之以道，欲其自得之也。自得之，则居之安；居之安，则资之深；资之深，则取之左右逢其原，故君子欲其自得之也”（《孟子・离娄下》），要求学子在求学过程中自觉地掌握正确的方法；“学问之道无他，求其放心而已矣”（《孟子・告子上》），认为做学问的目的就在于追求内心的良善；“尽信《书》，则不如无《书》”（《孟子・尽心下》），强调了读书学习过程中的批判精神。这些孟子关于学习的方法论，以及在治学过程中的批判思维，或许都是源自孟母挥刀断织的魄力。正如杨海文先生所说，孟母断织使孟子切合了孟母的目标期待，并与母亲一样成为故事的主角，母子关系在互为主体性中得到中国古典教育学意义上的最高升华。（《我善养吾浩然之气——孟子的世界》）

二、“不得乎亲，不可以为人”

自《大学》开始，“修身、齐家、治国、平天下”便成了中国知识分子的共同追求，孟子也是如此，考察孟子的家风，我们不能忽略孟子在“齐家”方面的思想和努力。

孟子既娶，将入私室，其妇袒而在内，孟子不悦，遂去不入。妇辞孟母而求去，曰："妾闻夫妇之道，私室不与焉。今者妾窃堕在室，而夫子见妾，勃然不悦，是客妾也。妇人之义，盖不客宿。请归父母。"于是孟母召孟子而谓之曰："夫礼，将入门，问孰存，所以致敬也。将上堂，声必扬，所以戒人也。将入户，视必下，恐见人过也。今子不察于礼，而责礼于人，不亦远乎！"孟子谢，遂留其妇。

这是《列女传》关于"孟子去妻"事件的记载。大概古代的礼仪中，对妇女行为的限制颇多，"袒而在内"是不被允许的。因此，当孟子发现自己的妻子有如此行为的时候，大为恼火，意欲休妻。在现代，这样的规定固然是对妇女正当权益的侵犯，而孟子显然没有意识到自己在这件事情上的狭隘与偏激，但从另一个角度来理解，孟子是在用礼法道德去经营自己的家庭。什么是"礼"？如朱熹所说："礼者，天理之节文，人事之仪则也。"（《四书章句集注》）循礼而行，方不使天理失常、人事失序。孟子以礼法道德规束自己的妻子，其本意也是想要使自己的家庭生活时刻符合礼法，正所谓"礼之用，和为贵"（《论语·学而》），这是孟子所熟知的道理。通过这件事情我们可以看出孟子在"齐家"方面的努力。

但毫无疑问，孟子在"去妻"这件事上所坚持的礼法道德是违背人道主义精神的，而且孟子在处理这件事情时也显得过于狭隘和偏激。而故事中的另一主角孟母则一针见血地指出在整件事情中失礼的不是孟妻而是孟子本人，厉声斥责孟子："今子不察于礼，而责礼于人，不亦远乎！"孟母认为孟子失礼在先，反而以"礼"苛求妻子，十分过分。以孟子在《孟子》中表现出来的异于常人的辩才，想要反驳孟母应该易如反掌，但是孟子并没有这么做，反而是在道歉之后"遂留其妇"，这恰恰表现了孟子高超的治家智慧。孟母所说的种种礼法，孟子岂能不知？"去妻"真的是他的真实意图吗？他怒而"去妻"，想必是希望以此建立一个合于他所认为合理之有"礼"的家庭。他听孟母的话留妻，还能以此增进母亲与妻子之间的情谊，留下了"君子谓孟母知礼，而明于姑母之道"的美谈；他不与母争，便是在家中立下了

"孝"的规矩。

关于"孝"，孟子不仅身体力行，而且在《孟子》中多有论述。孟子曾言："不得乎亲，不可以为人。不顺乎亲，不可以为子。""人人亲其亲，长其长，而天下平。""事，孰为大？事亲为大；……事亲，事之本也。"（《孟子·离娄上》）寥寥数语，就将"孝顺事亲"上升到为人为子的根本问题上。不仅如此，孟子对世间不孝之事大加斥责，如"不孝有三，无后为大""世俗所谓不孝者五：惰其四支，不顾父母之养，一不孝也；博弈好饮酒，不顾父母之养，二不孝也；好货财，私妻子，不顾父母之养，三不孝也；从耳目之欲，以为父母戮，四不孝也；好勇斗狠，以危父母，五不孝也"（《孟子·离娄下》），对精神和物质等方面的不孝之举加以谴责。

儒家讲求的"孝道"也并非始于孟子。早在上古时代，有着儒家理想中的圣王形象的舜就因"孝"而扬名天下。儒家缔造者孔子更是不遗余力地提倡"孝"。《论语》记载："孟懿子问孝。子曰：'无违'。樊迟御，子告之曰：'孟孙问孝于我，我对曰："无违。"'迟曰：'何谓也？'子曰：'生，事之以礼；死，葬之以礼，祭之以礼。'"（《论语·为政》）在这里，孔子将"孝"定义为生事死葬的礼仪。"子游问孝。子曰：'今之孝者，是谓能养，至于犬马，皆能有养；不敬，何以别乎？'"（《论语·为政》）孔子反对仅仅将"孝"视作"养父母"，认为如果没有内心的诚敬，这和"养犬马"无异。在这两处论述中，孔子对"孝"的定义不仅着眼于子女对父母物质上的供养，而且注重子女对父母精神上的关切，孟子"世俗所谓不孝者五"的观点与孔子是一致的。

三、"我善养吾浩然之气"

《左传》中记载叔孙豹之言："太上有立德，其次有立功，其次有立言。虽久不废，此之谓不朽。"（《左传·襄公二十四年》）叔孙豹所说的"三不朽”实质上是想以“立德”“立功”“立言”这三种方式追求个人在历史记忆中的长存。人们不希望自己的精神随着肉体的死亡而灰飞烟灭，而是渴望在历史的记忆中得到延续，不论这种历史记忆是属于社会还是家庭。孟子不仅有“修”“齐”“治”“平”的抱负和实践，而且一直努力在社会和家庭的历史记忆中延续自己的抱负和实践。在社会历史记忆中延续的便是他周游列国、游说诸君的半世奔波，以及“退而与万章之徒序《诗》《书》，述仲尼之意，作《孟子》七篇”的一生宏业；家风的传承则是他的抱负和实践在家庭历史记忆中的延续，他所传下来的正是他最为自信并为之坚守一生的“浩然之气”。

在一次与弟子公孙丑交谈的过程中，公孙丑问孟子：“敢问夫子恶乎长？”孟子不假思索地回答：“我知言，我善养吾浩然之气。”这估计是孟子第一次对他的学生提起“浩然之气”，因此公孙丑对这个概念显得并不是很理解，便继续问道：“敢问何谓浩然之气？”孟子也饶有兴致地解释道：“其为气也，至大至刚，以直养而无害，则塞于天地之间。其为气也，配义与道。无是，馁也。是集义所生者，非义袭而取之也。行有不慊于心，则馁矣。我故曰：告子未尝知义，以其外之也。必有事焉而勿正，心勿忘，勿助长也。”（《孟子·公孙丑上》）孟子告诉公孙丑，“浩然之气”是一种难以言说的东西，它至大至刚，充斥于天地之间，与道义相配合，人们不可以忘记它，却又不可心急而助长，否则徒劳无益而害之。朱熹将“浩然之气”视作“天地之正气”（《四书章句集注》），将“浩然之气”释为“浩然正气”，可谓深得孟子之义。

在孟子的世界里，“浩然之气”不光要去“养”，而且要对其有所传承。公孙丑问孟子：“君子之不教子，何也？”孟子回答说：“势不行也。教者必以正。以正不行，继之以怒。继之以怒，则反夷矣。‘夫子教我以正，夫子未出于正也。’则是父子相夷也。父子相夷，则恶矣。古者易子而教之，父子之间不责善。责善则离，离则不祥莫大焉。”（《孟子·离娄上》）孟子认为，古时君子之所以“不教子”就是为了避免出现父亲和儿子互相求全责备

（即责善）。在这里，孟子提出“教者必以正”的命题，所谓“正”不仅指“正道”“正理”，而且指孟子所谓的“浩然之气”。“教者必以正”，不光要使受教者行正道、识正理，而且要使受教者养正气！孟子曾不止一次劝诫自己的学生和晚辈：“居天下之广居，立天下之正位，行天下之大道；得志，与民由之；不得志，独行其道。富贵不能淫，贫贱不能移，威武不能屈，此之谓大丈夫。”（《孟子·滕文公下》）若无心中那一股“浩然之气”，做到如此又谈何容易。

正是凭借这一股“浩然之气”，孟子才能奔走数年而不改其志；正是凭借这一股“浩然之气”，孟子才能一生追慕孔子而不改其心；正是凭借这一股“浩然之气”，孟子才能力辟杨墨而不改其节；也正是凭借这一股“浩然之气”，孟子的精神在社会和家庭的双重历史记忆中得到了延续，以“亚圣”之尊享祭千古！

母教、齐家、养气，既是孟子家风三个重要方面，也体现了孟子一生的三个阶段。未及弱冠之年的孟子早年丧父，寡母独自承担起抚养教育孟子的重任，因此“母教”体现了孟子家庭生活的第一阶段；娶妻之后的孟子成家立业，开始独立承担家庭生活的重任，因此“齐家”体现了孟子家庭生活的第二阶段；喜为人父的孟子以“养气”教子，将自己的精神在后辈身上延续，体现了孟子家庭生活的第三个阶段。孟子这三个阶段的家庭生活也是每一个家庭生活的缩影，孟子在每个阶段都以其独特的思想经营着自己的生活，我们重温孟子的生活智慧和家风传承，无意将其奉为圭臬，而是期望可以在古圣先贤的生活智慧中汲取一二，以使我们每个人的生活可以不入平庸。

第四章

马援：大丈夫穷当益坚，老当益壮

吾欲汝曹闻人过失，如闻父母之名，耳可得闻，口不可得言也。好论议人长短，妄是非正法，此吾所大恶也，宁死不愿闻子孙有此行也。汝曹知吾恶之甚矣，所以复言者，施衿结缡，申父母之戒，欲使汝曹不忘之耳。

——马援《诫兄子严、敦书》

著名爱国将领蔡锷将军逝世后，孙中山先生送上挽联：平生慷慨班都护，万里间关马伏波。马伏波，指的就是我国东汉时期的著名将领马援，他以一生壮志，激励无数后人。

马援，字文渊，生于公元前14年，逝于公元49年，是我国东汉初年的一代名将。纵观马援的一生，从乌桓到交趾，南征北战，戎马倥偬，为东汉初年稳定境外局势立下赫赫战功，官至伏波将军，封“新息侯”，后世敬称“马伏波”，为百代景仰。其实，纵观我国历史，百代更替、名将如云，而马援无论是战功还是谋略，都不算绝对突出，那为什么他拥有如此名声呢？

细查马援的一生，我们就会发现，人们对他的称颂绝非止于外在的功勋，更多是倾慕他内在的精神。马援属于大器晚成。他少年丧父，又生逢乱世，虽系出名门，早年却曾长期流落在西北边陲，逃难、牧马。他历尽波折却从不自弃，与宾客会聚时曾豪言：“丈夫为志，穷当益坚，老当益壮。”后来，他为寻明主，奔走在隗嚣、公孙述与刘秀等几大势力之间，封侯拜将时已过知命之年。而他并没有躺在功劳簿上，五十八岁时，说出“马革裹尸”的豪言，年过六旬又跃马远征，二次平定南部边患，真可谓“烈士暮年，壮心不已”。征战之余，他还关心侄子们的成长，写了一封热忱的家书，言辞恳切、教益隽永，流传为教子名篇。因此，我们从马援穷当益坚、老当益壮的一生中，从他辗转世事而发乎笔端的情感中，定能学到深刻的人生道理，自振身心、启示后人。

一、“男儿要当死于边野，以马革裹尸还葬耳”

纵观马援的一生，可谓起起伏伏、波澜壮阔，逆境多、险境多，顺遂之时少之又少。他如何能在那么多逆险无常的人生境遇中保持昂扬的人生态度，不惧怕、不气馁、不沉落，更重要的是不贪念一时安逸，时时刻刻勉励自己建立壮烈功勋的呢？最主要的原因就是立志，他从小就给自己的人生立下了崇高的志向，并以此指导、激励了自己的一生。

马援出身显赫，他的祖先可以追溯到战国时期赵国名将赵奢（赵奢是我国卓越的军事家，封“马服君”，因此后代以“马”为姓）。秦汉以来，马家都为官宦之家。马援是家里最小的男孩，虽然父亲早逝，但他的三个哥哥都享高官厚禄，按说他是妥妥的人生赢家。如果他愿意，完全可以“躺赢”一生。但是，身处西汉末年，又生在官宦世家，马援应该比较早地看透了时局的黑暗，他很早就立志，要走一条与父兄们不同的人生道路。

在他十几岁的时候，一天，大哥马况教他读《齐诗》。诗，就是《诗经》，汉代自汉武帝起，罢黜百家，独尊儒术，儒家学说成为时代的主流思想，而儒家经典著作不仅左右着人们的思想，在一定程度上，也指导着人们的晋升之途。当时对于《诗经》的学习，有齐、鲁、韩、毛四家注解最为知名，而且各具特色。其中，《齐诗》的注解者儒生辕固生因为人刚直、坚持自我，而多为时人激赏，他注解的《诗经》也广为流传。相信长兄如父的马况教授马援《齐诗》是有用意的。但小马援却说，身为大丈夫，不能把自己的一辈子耗费在寻章摘句当中。一句话，把马况说愣了。几个哥哥听说之后，也都很惊奇，大家认为这个弟弟不一般，就纷纷问起他的志向。马援说，自己要到边疆牧马。这里的“牧马”，应该是隐喻，有征战边关、建功立业的意思。但一个前程似锦的年轻人，非要受这份边关之苦，也是个意味非常的举动。当时的西汉王朝日薄西山，政权牢牢把握在王莽的手中，做官，与其说是做朝廷的官，还不如说是做王莽的官。马援虽未明说，但家人们还是看出了他的志向：不与世俗同流合污，而到艰苦的环境中历练，从而创立一番属于自己的功业。大哥是懂他的，对他说：“汝大才，当晚成。良工不示人以朴，且从所好。”大哥看出，马援有这种不苟合于世俗的性格，一定是大器晚成，成功之前，也必然要经历很多的磨难。这一句话，竟然成了总结马援一生的谶语。

马援立下牧马边疆的志向，但真的实施起来，也是经历了一番挣扎。家人们虽然是支持他的，然而，就在他要离家之时，大哥却突然病故。马援对大哥非常敬爱，因此决定守丧一年。这一变故也改变了他的计划。一年之后，他被授以督邮之职。对于一个初出茅庐的小伙子来讲，这个官职不可谓不高。可是，在一次押送罪犯的途中，他因为可怜一个重刑犯的身世，而私自将其释放，之后为了躲避通缉，他只身逃亡漠北，真的过上了牧马的生活。从小生长于官宦之家，马援不可能不知道私放重刑犯的罪责，那他为什么还要这么做呢？还是志向使然。他一定是从内心不认同这种时局，不认同这种命运的安排。他的志向不能够被埋没在黑暗的时局、烦琐的案牍中，他不能够忍受自己在父兄的老路上消耗自己的一生。他时时在人生壮志的驱动下，选择自己的人生道路。他后来的人生轨迹，也印证了这一点。

王莽败亡之后，纷争四起，天下大乱。身处西北边陲的马援投靠了当地很有势力的军阀隗嚣。与此同时，刘秀在洛阳称帝，公孙述在西蜀称帝，而这个公孙述还是马援的老朋友。是继续跟随隗嚣，还是另择明主？马援的人生即将面临巨大选择，时机很快到来。

公元27年，隗嚣派遣马援出访。马援先到了自己的老朋友公孙述这里。马援与公孙述是同乡，可以说从小一起长大，向来十分要好。出访之前，马援满怀期待，他以为公孙述王业初创，急需人才，见到自己一定会坦诚相待。然而，他错了。马援到了西蜀，先是被安排定制觐见公孙述的新衣服，然后被安排到觐见的特别馆驿等待。一切看起来都颇费周章。公孙述与他见面的时候，更是金瓜开路、伞盖漫天，一派皇帝的威仪。待两人终于见面，公孙述不仅安排马援高官厚禄，而且给跟随马援而来的人逐个封官。马援的随从都非常高兴，表示以后就跟着公孙述干了。见此情此景，马援却讲了另一番话：“天下雄雌未定，公孙不吐哺走迎国士，与图成败，反修饰边幅，如偶人形。此子何足久稽天下士乎！”意思就是这个公孙述徒有其表、装腔作势，不能珍重人才，决不是可以追随的明主。他果断返回，见到隗嚣，将对公孙述的看法说得更加明确："子阳井底蛙耳，而妄自尊大，不如专意东方。"以马援的志向衡量，公孙述就是个胸无大志的井底之蛙，根本不足以托付，他把所有的希望投注到刘秀身上。

刘秀果然没有令他失望，他们亲切、坦诚地见面。马援立刻判断出，刘秀是个胸怀壮志之人，甚至在回复隗嚣的时候表示他认为刘秀比汉高祖刘邦还要优秀。之后的发展，历史给出了明确的答案：公孙述很快败亡，而刘秀逐渐消灭各方势力，巩固了政权。

公元44年，马援平定交趾，班师回朝，战功卓著，加上皇帝刘秀对他的信任，此时的马援已经是万人仰慕的对象。他一身戎装来到洛阳，亲友们早早在洛阳城外迎候。马援看到了人群中的一个老熟人，这个人是平陵孟冀。孟冀以谋略著称，素有远见。马援看到他也在庆贺的人群中，多少有点诧异。他走过去对孟冀说：我原本是希望你能对我说一点有教益的话，怎么也同其他人一样呢？这句话一说，孟冀肯定是有点不悦的。但接下来，他就完全被马援折服。马援接着说：遥想当年，伏波将军路博德开置七郡，才封了百户侯；而我，现在只有微小功劳，却封邑三千户，功劳小却赏赐厚，这怎么能长久呢，先生没有什么要教我的吗？孟冀忙称：我真是愚钝，完全没有想到这一层。马援分析当下边疆不宁、外患不息的时局，接着就说出了震烁千古的名言："男儿要当死于边野，以马革裹尸还葬耳，何能卧床上在儿女子手中邪！"孟冀听完，极为感佩，连称壮怀激烈，莫过于此！马援是这么说的，也是这么做的，一个多月之后，他就出发北击匈奴、乌桓。之后南征北战，为平定北部边患做出卓越贡献。到了他六十二岁高龄，南部的交趾再次反叛，马援又主动请缨，跨马南征，直至不堪瘴气之苦，逝于军中，真的实践了他马革裹尸的豪言。

马援一生南征北战，终成一代名将，流芳百世。从这些故事中，我们可以看到，马援从小树立的宏伟志向，在他多次人生选择中都起到了关键性作用，能够在艰苦的际遇、迷乱的时局中，指引他走向正确的人生方向。然而，生于忧患，死于安乐，很多人在远大志向的激励下获得初步的成功，但是随之而来的贪图享乐，会给人带来极大的损耗。要想抵挡这样的诱惑，就要会拒绝，马援在这方面也给后人提供了很好的教益。

二、居高坚自持，不做“守钱虏”

所谓“天下熙熙皆为利来，天下攘攘皆为利往”，有些人艰苦卓绝地奋斗，期待的是一世繁华，甚至是世代享乐，在古代的中国，这样的现象不在少数，他们被当作世俗的成功者，但是人们都知道，只有迈过享乐这一关，把人生的奋斗投入到更高的目标上，才能成为大英雄。道理很简单，实践却非常难。我们也看过了太多少年时壮怀激烈，晚年却贪图享乐，甚至腐化废弛的人。而马援不是，他从少年时，就抵制贪图享乐这种生活观念，并且不管逆境还是顺境，成功还是失败，都时刻保持着机警的人生态度，不被享乐牵绊，不被既有的功名俘获，一生不做“守钱虏”。

马援私放了重刑犯，逃亡漠北之后，肯定是过了一段非常困苦的生活。但是，在民怨沸腾、时局不彰的西汉末年，一个敢于公然蔑视律法，又出身极高的年轻人，这种私放重刑犯的举动，在给他带来极大麻烦的同时，肯定也带来了极大的人格魅力。朝局变幻，后来天下大赦，马援从一个逃亡的罪犯，变成了一个正常的边疆牧马人。很快，他的事迹就传遍了漠北，大量年轻人归附到他的身边。一时间豪杰毕集、牛羊成群，钱财也如名声一般，滚雪球似的越聚越多，有牛、马、羊数千头，谷物更是堆积如山。他带着随从往来于今陕甘两省之间，贩卖牲畜、交易钱粮，短短时间就变得富甲一方。年纪轻轻、乍脱罪名、财富骤聚，一定会有众星捧月，马援便是如此。这时的他，日日宾客盈门，置酒高会，享受着人生的高光时刻。对于很多人来说，这就是人生的巅峰，甚至再无他求了。在又一次人声鼎沸、酒酣耳热之际，马援突然对着朋友们朗声说：“丈夫为志，穷当益坚，老当益壮。”举杯的年轻人高声应和，继而让他看看目下的大好时光，要钱有钱，有人有人，在这样的时局之下，享受当下、及时行乐才是“人间清醒”啊，还想什么志向、艰难与衰老呢？马援沉吟了一下，继而说道：“凡殖货财产，贵其能施赈也，否则守钱虏耳。”钱，对于他来讲，唯一可贵的就是能够赈济穷人，否则即使家里有金山银山，也不过是一个守财奴罢了。我猜想，人们听到这样的酒后之言，一定是起哄的多，当真的少。谁知，不久之后，马援就遍散家财，重新穿上了自己的老羊皮袄，迈向更艰难的人生磨砺之中。这样不被金钱所累，不做金钱的奴隶，能够在享乐中时时警醒自己的精神自觉，最终锻造了他坚毅的品格，乃至成为后世尚武精神的榜样。而更加可贵的是，这种不做“守财虏”的精神自觉，并非少年一时意气，而是贯穿在他的一生当中，让他时时可以克服外在的诱惑，按照自己的意志塑造自己的人生。

马援步入军旅，归顺刘秀之后，一路东征西讨，跟随刘秀屡立战功，相应而来的是加官晋爵、金银赏赐，但是他每每不贪图、不自居，将赏赐分给自己手下的将士。一次羌人入寇，马援不避箭矢，奋勇争先，最终带领队伍以少胜多，击溃羌军，但是马援却身受重伤——一支箭射穿了他的小腿。刘秀得到了这个消息，专门派人下诏书嘉奖，随从带来的是数千牛羊财帛。马援谢过赏赐，就把钱财分给了扈从，而他自己一直保持简朴的风格。马援还曾对黄门侍郎梁松、窦固说：“凡人为贵，当使可贱，如卿等当不可复贱，居高坚自持，勉思鄙言。”但梁松和窦固并没有以马援的劝告为戒，二人后来果然因骄奢而招来灾祸。而马援一生警醒，不做“守钱虏”，不恋温柔乡，他拒绝沉迷享乐的进取精神则激励一代又一代的有志之士，奋斗不息，壮心不已。

马援这种人生品质很好地影响了他的儿女。小女儿后来进入宫廷，成为一代明后——明德皇后。明德皇后虽然荣宠万千，但一生以节俭著称。马廖等几个子侄，也能恪守节俭之道，不贪念繁华，就是在皇帝要分封他们的时候，也能够做到谦虚谨慎，只要封号不要封地，更多想的是为国建功。这样的态度，在马援逝世之后又给马家带来了持久的名望。

三、议长短妄是非，“吾所大恶也”

马援的一生戎马倥偬，但是他却没有忘记对后辈的教育。其中，最有名的就是他给两个侄子的家书——《诫兄子严、敦书》，被后世奉为教子的圭臬。这封信其实很简单，细数之下，不过三百余字，但是言辞热忱、情真意切，毫不含糊地指出两个侄子行为中的重大弊端，加以斥责，并提出希冀，充分表现了一个长辈的严厉、责任与热望。而他的侄子们在成长中所犯的两个错误，也是我们今天年轻人生活中常见的问题。第一个是言辞不慎，喜欢背后议论别人的是非；第二个是交友不明，头脑一热就与人结交，尤其喜欢一些浮夸放浪的朋友。马援认为，这两点都不利于年轻人的成长，容易让人养成浮夸放浪、不庄重谨慎的毛病。

马援的大侄子叫马严，二侄子叫马敦，都是他二哥马余的孩子。马余曾经官拜扬州牧，但是英年早逝，马援就把两个侄子带回自己家中抚养，一向视如己出，没有偏袒，时时刻刻注意他们的生活与思想的动向，并加以提点。马援征讨交趾的时候，行军途中听人说起马严、马敦最近的生活情状，很不放心，就写信对他们加以教育。在信中，他写道：“闻人过失，如闻父母之名，耳可得闻，口不可得言也。好论议人长短，妄是非正法，此吾所大恶也。”他希望侄子们保持一种谨慎的生活态度，听说别人的是非，就像听到自己父母的名讳，千万不要轻易提起。喜好议论别人的过失、胡乱褒贬朝廷的法度，这是他最厌恶的，厌恶到什么程度呢？“宁死不愿闻子孙有此行也。”这话讲得很重，应该是希望对侄子们有极深的震撼，起到强烈的教育效果。那么他为什么把言辞不慎看成人生大恶呢？这就要从传统文化与现实利害两个角度来说。从传统文化看，东汉延承西汉武帝的文化政策：罢黜百家，独尊儒术。儒家思想在东汉初年依然是稳固的正统思想，地位很高。《论语》中明确讲到“巧言令色鲜矣仁”，而对品德优良的要求之一就是“刚毅木讷”。所以，那些搬弄口舌是非的人，一直是被人瞧不起的，被当作轻浮之辈。而心怀尚武精神的马援，对这种行为则更是深恶痛绝。从现实利害考虑，经过西汉末年的时局巨变，马援父兄经历宦海沉浮，马援自身周旋在三大势力之间，他一定是见了太多的尔虞我诈、祸从口出。一个人如果不能保持一种谨慎沉静的状态，是很难在动荡的时局中安然生存的。所以，无论从传统文化角度，还是从现实利害的角度，言辞不慎、妄论是非，都是很糟糕的表现，是年轻人成长的负累，必须戒除。这是马援给侄子们的第一条劝诫。

第二条劝诫讲到年轻人的交友原则。马援没有直接说谁是谁非，而是列举了两个人物，一个是龙伯高，一个是杜季良。马援说，龙伯高为人性情敦厚，做事周到谨慎，不讲不恰当的言语，生活上克勤克俭，工作中奉行廉洁，因此很有威仪。寥寥数语，马援就勾勒出了一个完美人格的精神画像，并且明确说，自己是非常敬爱而且看重龙伯高的。接着，他说杜季良“豪侠好义，忧人之忧，乐人之乐，清浊无所失”，为时人所爱戴，杜季良父亲过世的时候，“数郡毕至”。马援能够这样来讲述杜季良，可见他也没有否定杜季良的人格与作为。不要忘了，马援年轻的时候，也是有豪侠性情的。龙伯高和杜季良这两个人，两种性情，两种人格，都是马援敬爱、看重的，但是，马援却说希望侄子们能多结交、效仿前者而不要学习后者。为什么呢？效仿龙伯高，即使不能像他那么受人敬爱，也至少能成为一个谨慎的人，所谓“刻鹄不成尚类鹜”。而效仿杜季良不成，很可能流于轻薄，那就是画虎不成反类犬。而且，马援语重心长地说，杜季良还不知道，当地的很多长官已经开始记恨杜季良，他未来的生活其实很让人忧虑。

马援讲得已经很清楚了，年轻人与人交往，千万不能看重一时的名气、声望或者个人魅力，而是要有自己理性的区分，寻找真正适于自己发展的人格去效仿，这样才真的有利于自己的成长。而且，细细思量，马援这两个例子举得非常好。龙伯高大约比马援小十二三岁，恰好处在马援与侄子们的年龄之间，杜季良也差不多，都是同时代的人。马援举出这两个人，很巧妙地拉近了他与侄子们之间的距离，如果举的是古代大贤，就显得不那么亲切，劝说效果可能就弱很多。所以，你看马援不仅治军有方，教育孩子也是很讲求方式方法的。而且，这两种性格非常有代表性，不是好与坏的区别，而是一种好与另一种好的区别。对于年轻人来讲，真正致命的不是明确的坏，而是一种带有危险性的好，对这种人格的理解，先贤其实早有过细致的辨析，比如《论语》中就有这样的段落：

子贡问曰："乡人皆好之，何如？"子曰："未可也。""乡人皆恶之，何如？"子曰："未可也。不如乡人之善者好之，其不善者恶之。"

这一个段落，非常好地对应了杜季良的为人。他豪侠仗义，忧人所忧、乐人所乐，这是好的，但是"清浊无所失"不就等于说"好人说你好，坏人也说你好"吗？对于这类人，孔子明确表示"未可也"。为什么呢？原因很简单，这类人看起来很友善、很仗义，甚至很有魅力，但是没有原则。没有原则的仗义，是非常危险的。所以说，马援非常担忧：侄子们学杜季良学好了，都可能会成为一个没有原则的滥好人，给自己带来灾祸；如果学不好，那岂不是更糟糕吗？

所幸的是，两个侄子都听了进去。史书上说，马严后来成长为严谨有为的大臣，在朝堂上能够举贤任能，对百姓能够赏罚分明，得到皇帝信任，又能时时保持谦虚谨慎的作风，不居功自傲，为当时的人们称道。他的弟弟马敦也很优秀，两人在叔叔马援去世之后回到了家乡钜下，故而被当地的人们称为"钜下二卿"。他们人格的修养与人生的成就，当然与叔父马援的教育是分不开的。马援在军旅之中、持鞭之余，捉笔写下的三百余字家书，不仅有教育内容、教育方式，也有长辈对晚辈的关怀，流传百代，启迪着一个一个的家庭、一代一代的年轻人。不妄言他人是非、不乱交朋友，成为重要的人生教益，时时提醒着后世的人如何言如何行，如何更好地把握自己的人生。

马援的人生波澜壮阔，结局却稍显凄凉。第二次南征中，战事进展不顺，他自己染疫身亡。之后，他不仅没有得到应有的哀荣，反而被人诬告，被撤去官职、削掉爵位。在这起诬告案中，起到决定作用的人叫梁松。梁松是当朝的驸马，他的父亲梁统与马援本是世交，从前他对马援也还算尊重，那他为什么要诬告马援呢？问题就出在马援给侄子的那封信里。

杜季良的生命轨迹果然如马援所料，他被仇人告发结交权贵、乱群惑众，触怒光武帝刘秀。而杜季良结交的权贵之一就是梁松。据说，刘秀震怒，对梁松大加斥责。历史记载，梁松磕头磕到流血才得以免罪。而斥责的时候，刘秀手里拿的就是马援写给侄子们的那封信，信中所言，就成了杜季良为人浮浪的证据。我们今天不可能知道，一封家信为什么能出现在皇帝手里，但是，这最后却酿成了马援死后的悲剧。《后汉书》作者范晔总结马援的一生，用了“其戒人之祸，智矣，而不能自免于谗隙”的评语，可谓十分贴切。这从另一个侧面也恰好证明了马援对侄子们的劝诫：千万不能妄论他人是非。虽然，马援是写在了家信中，虽然对杜季良不是绝对的贬低，虽然出发点是教育子侄，但毕竟在议论他人了。最终，马援因此得祸，真的不能不让人感慨。

马援志气不凡、战功卓著，一生戎马倥偬，成为人们口耳相传的伏波将军。他留下的名言至今读来令人荡气回肠，“穷当益坚，老当益壮”“马革裹尸”等已成千古流传的典故，他以身报国的志向、积极向上的价值观是中华民族精神的体现，激励着一代代人拼搏不止。陕西马援祠内传承历史的石碑等文物和家训典籍，既是马氏家族的文化传承，也是中华民族生生不息的缩影。

第五章

诸葛亮：志存高远，忠诚爱国

夫君子之行，静以修身，俭以养德。非淡泊无以明志，非宁静无以致远。夫学须静也，才须学也，非学无以广才，非志无以成学。淫慢则不能励精，险躁则不能治性。年与时驰，意与日去，遂成枯落，多不接世，悲守穷庐，将复何及！

——诸葛亮《诫子书》

在民间传说中，诸葛亮是一个传奇人物。《三国演义》中的诸葛亮足智多谋、运筹帷幄、忠心事主、呼风唤雨，俨然天神下凡。著名历史学家钱穆先生有言，有一诸葛，已使三国照耀后世，一如两汉。

诸葛亮，字孔明，人称“卧龙”，徐州琅邪郡阳都县（今山东临沂市沂南县）人，三国时期蜀汉丞相，死后追谥忠武侯。诸葛亮有《出师表》《诫子书》等经典散文传世，传说他曾改造连弩（诸葛连弩），并发明木牛流马、孔明灯等，大大提高蜀汉军队的作战效率。但除了是我们所熟知的军事家和政治家，诸葛亮还是一位治家有方的慈父。我们知道，儒家传统给士人设计了一条“修身齐家治国平天下”的进阶式人生道路，受儒家思想影响的诸葛亮也是朝着这种理想而不断努力的。实际上，除了没有实现“平天下”这一理想，诸葛亮在修身、齐家、治国三方面都堪称典范。他留下的《诫子书》和《诫外甥书》虽只有寥寥数语，却被奉为家训名篇。诸葛亮“学、志、节、忠、俭”这五方面道德品质熠熠生辉，是大智大勇的家教家风。

一、“学须静也，才须学也”

“夫学须静也，才须学也”是诸葛亮在《诫子书》中对自己儿子（诸葛瞻或诸葛乔）的谆谆教诲。在这篇《诫子书》中，诸葛亮反复强调“学”的重要性，苦口婆心地劝诫儿子“非学无以广才，非志无以成学”；在另一篇训诫晚辈的《诫外甥书》中，诸葛亮劝诫自己的外甥要“广咨问，除嫌吝”，这也是在告诫外甥要好学、勤学。诸葛亮之所以对“学”极为重视，不仅自己身体力行，还对后辈谆谆教诲，其原因是多方面的。

首先是家庭因素。东汉末年，宦官秉政，内忧外患，正所谓“风雨如晦，鸡鸣不已”，黑暗混乱的政局和民不聊生的乱象刺激士大夫集团开展了反对宦官的斗争。无奈斗争失败，士大夫集团被诬为“党人”，遭受“党锢之祸”。在士大夫反对宦官的斗争中，诸葛亮的父亲诸葛珪和叔父诸葛玄作为当时的名流，在政治上同情“党人”，在生活中与“党人”领袖刘表等人来往密切。由于诸葛亮的家庭与士大夫阶层有着良好的互动，所以诸葛亮有机会接触到那个时代最杰出的知识精英，这样的家庭环境为他日后的学习和成才创造了优越的条件。

诸葛氏作为当时的齐鲁望族，有着悠久的家学传统。诸葛亮的父亲诸葛珪也十分重视对子女的教育问题。诸葛亮的哥哥诸葛瑾在接受完传统的儒家经典教育后，便被父亲送到京师游学。和兄长一样，诸葛亮年幼之时便在父亲的安排下接受教育。父亲去世后，诸葛亮随叔父诸葛玄迁居荆州。在叔父的安排下，诸葛亮进入了荆州刺史刘表主持的官学中学习。在那个战乱频仍的年代，诸葛亮在父亲和叔父的安排下接受了完整的、高质量的启蒙教育和基础教育。

诸葛玄去世后，十六七岁的诸葛亮在隆中开启了他十年的“躬耕陇亩”的生涯。在隆中隐居的十年，诸葛亮并非彻底与世隔绝。十年间，他遍览百家之书，遍访名流高士，与荆州名士庞德公和司马徽来往密切，经常与这二人切磋交流，并受其指点。在经典熏陶与名师帮助下，诸葛亮的学业取得了极大的进展。

其次是环境因素。诸葛氏世居的齐鲁大地，是儒家文化的发祥地，诞生过孔子、孟子两位儒家大贤；这里还是私学发展的起点，孔子杏坛讲学的余音未曾断绝；这里也是百家争鸣的中心地，稷下学宫的唇枪舌剑连续不断。正是齐鲁大地上这源远流长的文化传统浸润着诸葛亮的心灵，也正是这博大精深的齐鲁文化，使得诸葛亮可以学贯百家，终成一代名相。

学习在儒家的传统中是有特殊地位的，开私学风气之先的孔子就曾说道：“十室之邑，必有忠信如丘者焉，不如丘之好学也。”（《论语·公冶长》）《论语》中也曾多次提及“学”的重要性：“曾子曰：‘吾日三省吾身：

为人谋而不忠乎？与朋友交而不信乎？传不习乎？’”（《论语·学而》）“子曰：‘温故而知新，可以为师矣。’”“子曰：‘学而不思则罔，思而不学则殆。’”（《论语·为政》）可见，对学习的重视是儒家的重要传统。长期在齐鲁大地接受儒家文化浸润的诸葛亮自然也继承了儒家重视学习的态度。

在家庭与环境因素的相互作用下，诸葛亮的成才之路便也是一条不断学习的道路，也因此才有了《三国演义》中那个羽扇纶巾、上知天文下知地理的诸葛亮。正因为诸葛亮对学习的极端重视，才会有他对后代“夫学须静也，才须学也”的苦心劝诫。

二、“志当存高远”

诸葛亮在《诫外甥书》中开篇即告诫外甥：“夫志当存高远，慕先贤，绝情欲，弃凝滞。”志存高远也是诸葛家风的重要特征之一。

诸葛氏先祖葛婴是秦末农民起义领袖陈胜麾下大将，若无大志，岂能以弥天之勇揭竿而起，反抗嬴秦暴政？先祖诸葛丰曾任西汉司隶校尉，在任期间，诸葛丰秉公执法、不畏强权，若无大志，岂能以铮铮铁骨彪炳史册？诸葛亮的父亲诸葛珪及叔父诸葛玄深感吏治黑暗，痛恨阉宦秉政，若无大志，岂能以拳拳之心交游“党人”？诸葛亮的兄长诸葛瑾博闻强识、少年学成，若无大志，岂能以满腔热血远赴京师游学？诸葛亮本人学贯百家、交游名士，若无大志，又岂能以十年蛰伏换来千古一对？

诸葛亮所立之志从来不是个人的荣华富贵。在《出师表》中，诸葛亮向后主刘禅痛陈“臣本布衣，躬耕于南阳，苟全性命于乱世，不求闻达于诸侯”，他告诫自己的晚辈“非淡泊无以明志，非宁静无以致远”。他清楚地知道，人生于世，一定要有大格局、大志向，要以天下为己任、以社稷为担当。父亲诸葛珪给兄长取名诸葛瑾，便是希望哥哥似玉之白，涤除腐败之政治；父亲给自己取名为亮，便是希望自己可以如炬之明，照亮黑暗之世道。

所以，在诸葛亮的身上，立志高远不仅是家风使然，也是其父的殷切期望。

事实上，诸葛亮也确实做到了以天下为己任、以社稷为担当。孟子说过，“天将降大任于是人也，必先苦其心志，劳其筋骨，饿其体肤，空乏其身，行拂乱其所为，所以动心忍性，曾益其所不能”（《孟子·告子下》）。上天似乎真的有意降大任于诸葛亮，故而制造了重重困难考验他——在到达荆州前的年岁里，诸葛亮先是丧母，继而丧父，未等他从失去双亲的悲痛中走出，便因为战争爆发而不得不远走他乡，过上了颠沛流离的生活，从徐州到豫章，再从豫章到荆州。到达荆州后，诸葛亮本以为可以自此结束流离生活而得以安心求学，不料一直照顾他的叔父诸葛玄却在此时离开了人世。诸葛亮亲眼见证了战争的残酷、政治的黑暗、国家的动荡和黎民的无助，种种不幸和灾难都促使年少的诸葛亮快速成长，他很早便开始思考他个人的命运、百姓的出路和国家的前途。正是这种济世救民的家国情怀，使得诸葛亮从一开始就没有将他个人的前途独立于黎民、社稷之外，他立志用自己一生的奋斗去救万民于水火、挽社稷于狂澜。自与刘备执君臣之礼开始，诸葛亮“受任于败军之际，奉命于危难之间”，而有外联东吴、内修政理，南征平叛、北抗强魏等丰功伟绩。在追随刘备的十多年里，诸葛亮“庶竭驽钝”，就是为了“兴复汉室，还于旧都”，这才是他的人生宏愿，是他为实现自己济世救民的理想所选择的一条路径，终其一生，其志未改。

在漫漫历史长河中，诸葛亮并不孤独，以天下为己任、以社稷为担当是有志之士的共同追求。历史从来都不缺乏为理想而生又为理想而死的志士，他们因铮铮傲骨独立于其时，亦因铮铮傲骨显彰于古今。《三国志》载：“亮躬耕陇亩，好为《梁父吟》。身长八尺，每自比于管仲、乐毅，时人莫之许也。”诸葛亮躬耕于南阳，时常吟诵《梁父吟》，并常以管仲、乐毅两位良相名将自况。短短二十八个字，却道尽了一个志存高远者的辛酸与无奈。诸葛亮的心中装着整个天下，可在那个波谲云诡的时代，熙熙攘攘、利来利往，又有多少人能理解他的志向？一首《梁父吟》竟是曲高和寡！诸葛亮大概不会想到，千年之后，一位和他一样的志存高远者把他当成了楷模，这人便是文天祥。“或为《出师表》，鬼神泣壮烈”——这是文天祥在《正气歌》中借诸葛亮来表述自己的志向。和诸葛亮一样，文天祥的一生也是为黎民社稷奋斗奔波的一生，“人生自古谁无死，留取丹心照汗青”正是其赤胆忠心之写照。这跨越千年的历史对话，激励了一代又一代的志存高远者，这也就是为什么诸葛亮一再告诫自己的后生晚辈要志存高远、淡泊明志。

与“学”一样，诸葛家风重视“立志”也是得益于儒家传统的影响。孔子本人曾自述：“吾十有五而志于学。”（《论语·为政》）正是因为孔子十五岁那年的“志于学”，才有了郁郁斯文在泱泱华夏不灭的传承。在《论语·先进》中，孔子的四位学生子路、曾皙、冉有、公西华曾各言其志，孔子唯独对曾皙的志向表示了赞同。与子路、冉有、公西华治国安邦、富民教民的理想相比，曾皙“暮春者，春服既成，冠者五六人，童子六七人，浴乎沂，风乎舞雩，咏而归”的格局似乎有点小，殊不知，在礼崩乐坏、苛政如虎的彼时，想要在暮春之日咏歌而归谈何容易。相比于邦域之谋，曾皙才是真正有大格局、大志向的人，如此立志高远，孔子岂能不赞同？而深受儒家文化影响的诸葛亮在《诫子书》中劝诫后辈“志当存高远”也就不足为怪了。

三、良禽择木，贤臣择主

大江东去，浪淘尽，千古风流人物。故垒西边，人道是，三国周郎赤壁。乱石穿空，惊涛拍岸，卷起千堆雪。江山如画，一时多少豪杰。

遥想公瑾当年，小乔初嫁了，雄姿英发。羽扇纶巾，谈笑间，樯橹灰飞烟灭。故国神游，多情应笑我，早生华发。人生如梦，一尊还酹江月。

这是苏轼的《念奴娇·赤壁怀古》，字里行间流露出苏轼对周瑜的仰慕。周瑜少年得志，二十四岁便官拜中郎将，以赫赫战功享誉吴郡。

何处望神州？满眼风光北固楼。千古兴亡多少事？悠悠。不尽长江滚滚流。

年少万兜鍪，坐断东南战未休。天下英雄谁敌手？曹刘。生子当如孙仲谋。

这是辛弃疾的《南乡子·登京口北固亭有怀》，其中“生子当如孙仲谋”出自曹操，孙仲谋即指孙权，孙权年不及弱冠便成为一路诸侯。

相比于周瑜和孙权的少年得志，二十七岁的诸葛亮仍隐居隆中。胸怀天下、立有大志的诸葛亮为什么不尽早出山入仕，开始他救国救民的征程呢？其实，诸葛亮进入荆州后，叔父诸葛玄将他的两个姐姐分别嫁给了当地望族，靠着姻亲关系，他如果想要出仕，其实相当容易。然而，诸葛亮是世上第一等不甘平庸之人，更是这世上第一等高节清风之人，他告诫自己的后生晚辈“若志不强毅，意不慷慨，徒碌碌滞于俗，默默束于情，永窜伏于凡庸，不免于下流矣”（《诫外甥书》），大意是，如果意志不坚强，意气不昂扬，沉溺于习俗私情，碌碌无为，就将永远处于平庸的地位。劝勉晚辈尚且如此，诸葛亮自己又岂会甘于平庸以致“悲守穷庐”？诸葛亮隐居隆中，他遍览群书、遍访群贤，十年时间为自己的腾飞积蓄了充足的力量，他期待着有一天能像楚庄王那样“不飞则已，一飞冲天；不鸣则已，一鸣惊人”，可是他这条“卧龙”又能飞向哪里呢？

诸葛亮是一个以天下为己任、以社稷为担当的人，他这条“卧龙”必须飞到一个和他一样胸怀天下的人身边才能实现自己的理想和抱负。身居隆中却又胸怀天下的卧龙先生诸葛亮从未放弃过对天下局势的关切。他暗自考量着各路豪强：荆州牧刘表偏安一隅，自保守成，非是有为之主；江左孙权，父兄初逝，主少国弱，颇难有成；北方曹操，挟天子以令诸侯，觊觎汉室江山，不臣之心已露；袁氏兄弟，虽是名门望族，累世三公，却无济世之志，难成天下之主。诸葛亮不愿将自己的一生志向托付给这些人，他在等待，等待那个和他一样把天下生民装进心里的人出现。

在漫长的等待之后，那个与诸葛亮志同道合的人终于出现了。在隆中蛰伏十年后的一天，一个自称中山靖王之后，姓刘名备字玄德的人前来拜访诸葛亮。此时的诸葛亮，只当刘备和前人一样，庸而无才，于是便托故不见。刘备并非第一个被诸葛亮拒之门外的人，却是少数再次前往拜访的人，也是唯一三次登门拜访的人。第三次，诸葛亮没有将其拒于门外。在“凡三往，乃见”后，刘备对诸葛亮提出的第一个问题就是：“汉室倾颓，奸臣窃命，主上蒙尘。孤不度德量力，欲信大义于天下；而智术浅短，遂用猖蹶，至于今日。然志犹未已，君谓计将安出？”（《隆中对》）如何能拯救倾颓之汉室？刘备的这个问题让诸葛亮相信，他苦苦等待的那个人终于出现了！诸葛亮遂将自己十余年的思考所得和盘托出：

自董卓已来，豪杰并起，跨州连郡者不可胜数。曹操比于袁绍，则名微而众寡，然操遂能克绍，以弱为强者，非惟天时，抑亦人谋也。今操已拥百万之众，挟天子以令诸侯，此诚不可与争锋。孙权据有江东，已历三世，国险而民附，贤能为之用，此可以为援而不可图也。荆州北据汉、沔，利尽南海，东连吴会，西通巴、蜀，此用武之国，而其主不能守。此殆天所以资将军，将军岂有意乎？益州险塞，沃野千里，天府之土，高祖因之以成帝业。刘璋暗弱，张鲁在北，民殷国富而不知存恤，智能之士思得明君。将军既帝室之胄，信义著于四海，总揽英雄，思贤如渴，若跨有荆、益，保其岩阻，西和诸戎，南抚夷越，外结好孙权，内修政理，天下有变，则命一上将将荆州之军以向宛、洛，将军身率益州之众出于秦川，百姓孰敢不箪食壶浆以迎将军者乎？诚如是，则霸业可成，汉室可兴矣。

诸葛亮分析了自董卓兴乱以来诸位豪强的情状，认为曹操拥兵百万，不可强与之争；孙权占据江东，选贤任能、励精图治，可交不可攻；刘璋势力弱小，张鲁虽占据富裕之地却失民心。诸葛亮还进一步分析了荆州和益州对刘备成就帝王之业的重要作用。如此一问一答之间成就了千古隆中一对，刘备与诸葛亮自此执君臣礼，诸葛亮等待十余载终于迎来了明主，开启了施展抱负的征程。

诸葛亮的“待价而沽”也受到了儒家传统的影响。孔子本人就曾经历过“待价而沽”的阶段。《论语》记载了子贡和孔子的一段对话：“子贡曰：‘有美玉于斯，韫椟而藏诸？求善贾而沽诸？’子曰：‘沽之哉！沽之哉！我待贾者也。’”（《论语·子罕》）子贡显然不仅仅是就一块玉向孔子发问，他是将自己的老师比作了美玉，询问老师将何以自处。孔子当然领会到了子贡的用心，回答“我待贾者也”，他所等待的也绝不仅仅是买玉之人，而是他本人的伯乐，那个可以实现他“吾其为东周乎”抱负的人。诸葛亮在隆中蛰伏的十年大概很能体会孔子这种“待价而沽”的心境，圣人的精神感召着诸葛亮，在躬耕陇亩的生活中苦苦等待，终于等来了刘备的“猥自枉屈”，三顾茅庐！而“良禽择木而栖，贤臣择主而待”也成了诸葛亮家风的重要内容。

四、“鞠躬尽瘁，死而后已”

建兴十二年（234年）八月，率军北伐的诸葛亮在五丈原染病而逝，《三国志》记载，诸葛亮死后，蜀汉朝廷“赠君丞相武乡侯印绶，谥君为忠武侯”。谥法云：“危身奉上曰忠。”诸葛亮一生，正如其在《出师表》中的自述，早年“受任于败军之际，奉命于危难之间”，先主刘备崩后，“夙夜忧叹，恐托付不效”，立志“北定中原，庶竭驽钝，攘除奸凶，兴复汉室，还于旧都”，真正做到了“鞠躬尽瘁，死而后已”。

诸葛亮的“忠”其实也是家风使然。先祖葛婴是追随秦末农民起义领袖陈胜反抗暴秦的大将，终其一生都忠于农民起义的事业，在长期的南征北战中奋勇杀敌，为反抗暴秦立下了汗马功劳，立下了赫赫战功，虽终因陈胜所忌而被杀害，但其对义军的忠诚和对陈胜的忠心日月可鉴。曾任西汉司隶校尉的诸葛家族先祖诸葛丰一生忠于朝廷、忠于职守。为整顿吏治、维护法纪，诸葛丰铁面无私、不畏权贵，以致民间流传着“间何阔，逢诸葛”的俗语，以颂诸葛丰维护法纪的勇气和决心。后诸葛丰因弹劾权贵，遭奸人所忌而被免官，以致因忧病死家中，但他不畏强权的铮铮傲骨还是在史书上留下了“特立刚直”之名。

诸葛亮和兄长自小就听父亲诸葛珪和叔父诸葛玄讲先祖的故事，他也在史书中感受着先祖的“忠”与“勇”。耳濡目染之下，先祖对国家、对君王、对黎民的那份耿耿忠心便成了诸葛亮和他诸位兄弟内在的品质。当时，魏、蜀、吴三国鼎立，诸葛亮仕蜀，其兄诸葛瑾仕吴，族弟诸葛诞仕魏。兄弟三人虽同胞同族，却各事其主，且未敢以私情而损其主。诸葛亮与诸葛瑾曾互使吴蜀，二人虽为兄弟却仅“公会相见，退无私面”（《三国志·张顾诸葛步传》）。一次，诸葛亮出使东吴，孙权想留下他效力，嘱托诸葛谨当说客，并搬出家庭伦常“且弟随兄，于义为顺”来劝说，而诸葛亮则以“委质定分，义无二心”断然拒绝。诸葛诞仕魏期间，恰逢司马氏篡政，因其忠于曹魏政权而遭杀害，其子诸葛靓终身不仕晋室，以示忠于曹魏。诸葛门风由此可见一斑。

诸葛亮自与刘备执君臣礼后，便如其所说“受任于败军之际，奉命于危难之间”，将其一生都贡献给了刘备和蜀汉政权。在刘备落败、进退无门的窘境下，诸葛亮只身犯险，奔赴江东，凭三寸不烂之舌力战群儒，分析利弊，说服孙吴政权联刘抗曹，为刘备争取了喘息之机，终于，赤壁一战取胜，刘备又重新在荆州立足。刘备在弥留之际于白帝城托孤于诸葛亮，直言“君才十倍曹丕，必能安国，终定大事。若嗣子可辅，辅之；如其不才，君可自取”（《三国志·诸葛亮传》），不论刘备在这里所说的“自取”是想让诸葛亮自行取代刘禅而为“成都之主”（《三国演义》），还是临终前授予诸葛亮自行取度的权力，可以看到的是，弥留之际的刘备对诸葛亮表现出了极大的信任，若非十多年来诸葛亮忠心事主，又岂会赢得刘备的信任？

先主崩后，诸葛亮领受托孤遗命，一心辅佐后主刘禅，未有丝毫不臣之心，“受命以来，夙夜忧叹，恐托付不效，以伤先帝之明”。为“兴复汉室，还于旧都”，诸葛亮数次率军北伐，并于北伐途中含恨而逝，以一颗忠心做到了他在先主病榻前承诺的“竭股肱之力，效忠贞之节，继之以死”（《三国志·诸葛亮传》），“忠武”之谥号，当之无愧！

诸葛家族以“忠”治家也有儒家传统的影响。曾子总结孔子的思想说：“夫子之道，忠恕而已矣。”（《论语·里仁》）朱熹解释为：“尽己之谓忠，推己之谓恕。”（《四书章句集注》）而孔子所忠的对象就是他所为之奋斗一生的“文”，所谓“周监于二代，郁郁乎文哉！吾从周”（《论语·八佾》），他所从的不是周，而是周代那厚重的文明。孔子曾于匡地遇险，身陷险境的他认为周文王死了以后，文化传统都在自己那里（“文不在兹乎”），上天如果要废弃这种文化，后代的人就不会有机会学习这种文化，上天如果还没废弃这种文化，那么匡人又能对他怎么样呢？（《论语·子罕》）孔子在生死攸关的关头想到的不是自保，而是保“文”，他向“天”表达了卫道卫文之决心，也表达了卫道卫文之自信，这是对“文”的大忠。生长于齐鲁大地的诸葛亮对蜀汉政权之忠，不能不说是受到了圣人卫道卫文精神的感召。

五、“静以修身，俭以养德”

在《诫子书》中，诸葛亮开篇即谈道：“夫君子之行，静以修身，俭以养德。非淡泊无以明志，非宁静无以致远。”勤俭治家也是诸葛家风的重要内容。

《三国志》中记载了一篇诸葛亮给后主刘禅所上的表文：“成都有桑八百株，薄田十五顷，子弟衣食，自有余饶。至于臣在外任，无别调度，随身衣食，悉仰于官，不别治生，以长尺寸。若臣死之日，不使内有余帛，外有嬴财，以负陛下。”（《三国志·诸葛亮传》）在蜀汉政权中位极人臣的诸葛亮，所有家产不过桑树八百株、薄田十五顷，仅可使子弟衣食有余，而别无他产，其治家之俭可见一斑。

诸葛亮在弥留之际留下遗嘱，“葬汉中定军山，因山为坟，冢足容棺，殓以时服，不须器物”（《三国志·诸葛亮传》），堂堂一国丞相，死后葬于山野，不置重殓，不设陪葬。

仕于吴的诸葛瑾和诸葛亮一样清正廉洁、勤俭治家。《三国志》中记载，诸葛瑾在弥留之际“遗命令素棺殓以时服，事从省约”（《三国志·张顾诸葛步传》），要求自己的葬礼要厉行节约。诸葛瑾和诸葛亮兄弟二人在动荡乱世中坚守清廉俭朴，这绝非偶然的个人选择，而是优秀家风传承和积淀的必然结果，这也就不难理解为什么诸葛亮会异常重视俭朴，甚至将俭朴等同于道德。诸葛家族世居的齐鲁大地，是儒家文化的发祥地，自古人文荟萃、斯文在兹。儒家的传统对俭朴之风也是颇为提倡，《论语》记载孔子评价颜回“贤哉，回也！一箪食，一瓢饮，在陋巷，人不堪其忧，回也不改其乐。贤哉，回也”（《论语·雍也》），也说过“饭疏食，饮水，曲肱而枕之，乐亦在其中矣。不义而富且贵，于我如浮云”（《论语·述而》）。在这两处论述中，孔子分别将俭朴与“贤”和“义”两种道德联系起来，这与诸葛亮在《诫子书》中所说的“俭以养德”是一致的。在儒家的传统里边，“富”和“贵”是需要“义”来维持的，所谓“义，即宜也”。在深受儒家文化影响的诸葛亮看来，为官一任而至“内有余帛，外有赢财”是“负陛下”的“不义”之举，因此深受儒家文化影响的诸葛家族也便有了不取不义之财的门风。

儒家的传统固然重视俭朴之风，但对丧葬之事却极其重视，所谓“慎终，追远，民德归厚矣”（《论语·学而》）。但是，诸葛瑾临终前留下了“素棺殓以时服，事从省约”的遗嘱，诸葛亮在弥留之际也留下了“殓以时服，不须器物”的遗言，兄弟二人都要求自己的葬礼从简，这是否与儒家的传统相违背？其实不然，儒家固然重视葬礼，但孔子也说过：“大哉问！礼，与其奢也，宁俭；丧，与其易也，宁戚。”（《论语·八佾》）孔子认为，礼仪与其奢华，不如节俭务实，丧葬与其仪节繁复，不如内心真正悲悯。可见，在儒家的传统里，丧葬礼仪本质上是一种手段，对“礼”的尊重不在

“贵”与“奢”，内心的敬畏才是儒家关心的重点。孔子也说过“质胜文则野，文胜质则史。文质彬彬，然后君子”（《论语·雍也》），但是当“质”与“文”只能取其一时，儒家一定会毫不犹豫地选择“质”而非“文”，所以诸葛瑾和诸葛亮主张节俭，也是对儒家传统的尊崇与敬畏。

在上文中，我们从“学、志、节、忠、俭”五个方面看到了诸葛亮的家风。实质上这五个方面并非相互独立的，而是一个相互联系的有机整体。正如诸葛亮在《诫子书》中所说：“夫学须静也，才须学也，非学无以广才，非志无以成学。”若无大志，岂会埋首书堆、孜孜求学？胸怀大志，岂会苟安于世、降身辱节？持节而立，焉能不事主以忠？志高、节正、心忠，岂会耽于享乐、奢靡度日？

《诫子书》短短八十六字，发家诫训导之声教，为处世治国之根本，是修身养性之准则，实为千古之绝唱。今天重温，我们仍能感受到其中宁静的力量、节俭的力量、好学的力量、励志的力量、忠诚的力量，以及超脱的力量。

第六章

王昶：诫子十其，遵先人之教

其用财先九族，其施舍务周急，其出入存故老，其论议贵无贬，其进仕尚忠节，其取人务道实，其处世戒骄淫，其贫贱慎无戚，其进退念合宜，其行事加九思。如此而已，吾复何忧哉？

——王昶『诫子十其』

在三国这样的纷争年代，有一位低调的将领，他于国有功、治家有道，他提出的“诫子十其”思想被世人广为称道，传颂至今，是现代家风建设宝贵的精神财富。

王昶，字文舒，出身太原王氏，是三国时期曹魏的重要将领。王昶年少时就很有名气，做过太子文学，任洛阳典农时督导百姓开垦荒田、修治水利，致力于发展农业、储蓄谷帛。后因躬身勤奋、政绩颇丰，被先后升迁为散骑侍郎、兖州刺史、扬烈将军、徐州刺史、征南将军等，封关内侯。太傅司马懿掌权后，王昶深得器重，他奏请伐吴，在江陵取得重大胜利，升任征南大将军，开府仪同三司，晋爵京陵侯。正元年间，参与平定“淮南三乱”有功，迁骠骑将军，后又升任司空。王昶素有大志，关心时政、洞悉国情，撰写《治论》《兵书》多篇，为朝廷提供施政参考。

王昶在家风建设上也很有建树，他写作《家诫》用以告诫自己的子侄们行事要追求仁义孝道，为人要积极入世，面对诱惑要淡泊名利。他善于旁征博引，不仅引用古人的事迹，还将自己的交友经历作为参考，教导家中的孩子们要讲求仁义。王昶既遵循儒家仁爱的思想，又受到了道家因任自然思想的影响，他还基于这两家的学说为子侄们取名，希望他们因自己的名字而能时刻反思自己的言行举止。他教导子侄们要淡泊名利，但并非是要他们远离俗世，恰恰相反，他希望他们能够积极入世。

一、“孝敬则宗族安之，仁义则乡党重之”

中国人在治家上强调“孝”字，这来源于儒家对“仁”的追求。求“仁”首先就要从自身出发，在家中要孝顺父母、友爱兄弟，将这份仁爱之情“推己及人”。

王昶遵循儒家仁爱的思想，认为“孝敬仁义”是为人处世中最重要的品行，孝顺父母是立身的根本。他告诫自己的子侄：“夫人为子之道，莫大于宝身全行，以显父母……孝敬则宗族安之，仁义则乡党重之，此行成于内，名著于外者矣。”在中国的传统文化中，子女往往要保全身体，提高本领，让自己的父母面上有光，这样就能够称为仁孝。能够做到仁孝，那么宗族就能够安定，父老乡亲也会敬重这样的人，在王昶看来这就是做到了自己该做的事。

王昶的堂兄弟王机很早就离世了，留下王默和王沈两个儿子交给王昶抚养。在王昶的教导下，王默和王沈都喜爱读书，善写文章。王默为官一直做到尚书，为人称道。王沈和叔父王昶并没有隔阂，他像对待亲生父亲一样对待叔父。王沈对待自己的继母同样也尽心侍奉，对自己的寡嫂以礼相待，他因为有孝义而在当时备受称赞，入朝为官又做了很多实事。王沈死后被追封博陵郡公。

“其出入存故老”，就是说出入乡里的时候要及时慰问乡里的老人，这是将仁义从自己家中推广到乡里，教导子侄们要尊重、爱戴老者和长辈。王昶讲求仁义，教导孩子们提高自身的道德修养要从身边的事出发，从爱戴故老开始，做到这些，就能够得到别人的认可和称赞。王昶的儿子王湛年少的时候就长得很有辨识度，他身形高大，额头宽阔，鼻子很大，很少说话，也很少展露自己的才华，导致当时人们都认为他是个智力有缺陷的孩子。王昶死后，王湛在父亲墓前守孝三年，守孝结束后还在墓地附近盖了房子住在那里。当时连晋武帝也经常嘲笑王湛，对王济说：你家的傻子叔叔死了没有？王济出于对长辈的尊重往往都不答话。后来王济在看望王湛的时候意外发现自己的叔叔不仅谈吐清楚，还很有自己的见解，感叹道：“家有名士，三十年而不知！”王湛送王济出门时，看到了王济随从骑的一匹烈马，王湛说自己很喜欢骑马，王济就让叔叔尝试骑那匹马。王湛骑马的姿势很优美，甩起鞭子来就像是甩彩带一样回旋自如，可以比得上很多著名的骑手了。后来，晋武帝再次嘲笑王湛的时候，王济就会反驳“臣叔殊不痴”，还称赞叔叔的品质十分美好，评价自己的叔叔“山涛以下，魏舒以上”。王湛的名声由此得到了显扬。王昶一家对同族、同邑的长者都能够以礼相待，正是有了这样的家风，王氏一族才得以兴盛不衰，直到王昶的十世孙辈，家族中都是人才济济，每一辈都有入朝为官的人才。

在实际生活中，很多人都知道要讲求仁义、孝敬父母，但为什么还有那么多人不这么做呢？王昶认为这是因为他们被当下的利益迷惑，所以就舍弃仁义去追求浮华名利了。

二、“浮华则有虚伪之累”

淡泊名利一直是中国读书人对自己的要求，在古代，它也是一条重要的家训，王昶就是这么教育孩子的。“其处世戒骄淫”，王昶教导孩子们要知足常乐，为人处世要戒掉自傲贪婪。他担心子侄们只知道进不知道退，只知道满足欲望不知道知足常乐，所以和他们说：“患人知进而不知退，知欲而不知足，故有困辱之累，悔吝之咎。”沉迷于满足欲望的人会为困顿、悔恨所累，如果一直不知道满足，最后连本来就拥有的东西都会失去。

汉末、曹魏时期，社会上兴起了一股浮华不实、轻薄放纵、交游结党的风气——年轻人不专注于读书求学，转而结交朋党；读书人趋炎附势，追求浮华；官员们热衷于清谈玄理，不务实际。这些不良风气严重扰乱了朝廷的人才选用，朝政也受到了很多影响。

王昶担心子侄们受这些风气影响，就在《家诫》中强调：“人若不笃于至行，而背本逐末，以陷浮华焉，以成朋党焉；浮华则有虚伪之累，朋党则有彼此之患。”王昶为子侄们解释了这些人结交朋党的原因：如果人不践行仁孝，而背离立身的根本去追逐名利，就会沉迷于浮华，形成因为利益聚集在一起的朋党。之后，他又讲述了贪婪的结果，即沉迷于浮华的人会变得虚伪，追求利益的人聚在一起还会成为彼此的祸患。这样的道理所有人都知道，但是浮华和名利还是让很多人不能约束自己，甚至舍弃了仁义。在王昶看来，人人都希望得到财富与名利，但是君子却又不同，他们注重仁义，往往能做到不取不义之财。

王昶十分赞赏自己的友人北海徐伟长（徐幹，建安七子之一），认为他不求名誉、不求财富，淡然自守。徐伟长对人和事进行褒贬总是借古人之口，不直接评论当世的是非。徐伟长专治于学，做官时“轻官忽禄，不耽世荣”，辞官后虽过着清寒贫苦的生活，但一直积极向上，从不自怨自艾。曹丕在谈到徐伟长的时候就说：“观古今文人，类不护细行，鲜能以名节自立，而伟长独怀文抱质，恬淡寡欲，有箕山之志，可谓彬彬君子者矣。”徐伟长因为才学出众闻名于世，也因为淡泊名利受到古人和今人的尊敬，确实是值得学习的典范。

嘉平初年（249年），在魏帝向臣子们询问朝政得失的时候，王昶上书提了五条建议：针对社会浮华积弊等问题，要办好学校，杜绝不切实际的学风；实行考试制度，不能以空谈玄学选用人才，而要以考试为准绳来判断官吏才能，决定其罢免、升迁；用政绩来决定官员是否能够加官晋爵；用廉洁知耻来激励官员，不让官员与民众争利；推崇节约俭省，注重储备粮食、布帛等。这些务实、有针对性的对策得到了朝廷的褒扬称赞，他还被委派负责考核百官的事务。

虽然反对沉迷浮华，但王昶却并没有避开钱财不谈，他很好地平衡了儒家的仁义和人人都想要的“利”。提到自己的友人颍川郭伯益（郭嘉的儿子郭奕）时，王昶就说：“颍川郭伯益，好尚通达，敏而有知。其为人弘旷不足，轻贵有余；得其人重之如山，不得其人忽之如草。吾以所知亲之昵之，不愿儿子为之。”王昶对郭伯益的评价很高，认为他灵活通达，头脑聪敏有智慧，但是他不够弘旷豁达，虽然轻视富贵，但也有些太过了。而且，郭伯益对自己认可的人就特别敬重，对自己不认可的人就视如草芥，这也是王昶不喜郭伯益的一点。所以，王昶不希望子侄们以郭伯益为榜样，同时也希望他们正确对待钱财和人事。

“君子爱财取之有道”，也“用之有道”。“诫子十其”的前三句“其用财先九族，其施舍务周急，其出入存故老”，前面讲“其用财先九族，其施舍务周急”，就是王昶给子侄们使用钱财的建议：使用钱财的时候要把家族、家庭作为首先考虑的对象，在周济别人的时候，也要有所取舍，最大限度地利用好金钱，救助最需要帮助的人。

三、玄默冲虚，不妄议他人

王昶在教导子侄们为人处世时，强调要谦逊谨慎、不妄议他人，被他人诋毁时要正确地应对。

魏晋时期的读书人很多都喜欢老庄道家谦逊朴实的思想，甚至一些儒家出身的人也受到了老庄的影响。王昶为兄长的孩子和自己的孩子取名字的时候，为了让子侄们时时反思自己的言行举止，他就用“玄”“默”“冲”“虚”作为子侄们的名字。他在《家诫》中写道：“欲使汝曹立身行己，遵儒者之教，履道家之言，故以玄默冲虚为名，欲使汝曹顾名思义，不敢违越也。”他兄长的儿子一个叫王默，字处静，另一个叫王沈，字处道；他的儿子一个叫王浑，字玄冲，另一个叫王深，字道冲。“玄”“默”“冲”“虚”都有谦谨虚静之意。

王昶告诉子侄他们名字的来源，希望他们立身行事要遵循儒家的教导，践行道家的学说，看到自己的名字就要反思自己的言行，不能有所违背。他还用古人在盘盂和几杖上面刻字作为例子，让子侄们明白用这些字作为他们的名字，就是要让他们时时注意言行，反躬自省。“遵儒者之教”和“履道家之言”在王昶这里并不冲突，他希望孩子们在行事的时候要注重仁义，面对名利的时候要注意谦逊退让。孩子们也没有辜负王昶的期待，他们遵照王昶的要求，按照王昶的教导立身处世，得到了时人的称赞。

谦逊待人有一个很重要的表现就是不自傲、不自负。王昶认为："夫人有善鲜不自伐，有能者寡不自矜。"他告诫孩子们，自夸的人总是看不起别人，这往往会导致其他人反过来也看不起他；自负的人总是盛气凌人，这会导致其他人反过来也欺凌他。王昶为子侄们讲了春秋时期晋国三郤、周朝王叔的故事。

晋国的三郤指的是晋国郤氏家族成员郤锜、郤犨、郤至，他们虽然十分有才华，但是太过招摇。其中郤锜甚至直接抢夺晋厉公宠臣夷阳五的田邑，完全不把当时的国君放在眼里。在公元前578年，晋厉公决定伐秦，郤锜被派遣前往鲁国请求支援，但是他行事很不恭敬，孟献子批评他："郤氏其亡乎！礼，身之干也。敬，身之基也。郤子无基。且先君之嗣卿也，受命以求师，将社稷是卫，而惰，弃君命也。不亡何为?"郤氏不知礼仪，不懂得尊重别人，因为自己家世显赫就到处欺负人，气焰实在是嚣张，这就招致了后来的灭族之祸。

王叔应指的是王叔国的第三任君主陈生，是王叔桓公的儿子。陈生与伯舆争夺执政地位，陈生失败后逃往黄河边，这时候晋国派范宣子来调解伯舆和陈生的关系，而陈生的家臣却说不能让小门小户凌驾在王室之上。最后王叔家族因收受贿赂获罪，逃到了晋国。

这两个故事形象地说明了自夸自负、争强好胜会招致祸事的道理。王昶接着总结道，君子不自夸，并非刻意谦让他人，而是不愿意掩盖别人的能力，这是一种以屈为伸、以退为进、以弱为强。

他还提到自己的朋友东平刘公幹（刘桢，建安七子之一），认为刘公幹有广博的学识和很高的才能，为人真诚有气节，还有很大的志向。但是王昶不愿意自己的子侄们向他学习，这是因为刘公幹的性情和行为不一致，不能约束自己的欲望，所以得到的和失去的几乎相当。刘公幹才情很高，钟嵘在《诗品》中评价他的诗："仗气爱奇，动多振绝。贞骨凌霜，高风跨俗。"他在建安十六年（211年）后辅佐曹丕，经常与曹丕兄弟诗酒唱酬，不拘礼法，他也因此自视甚高，在宴席上对曹丕的夫人甄氏不屑一顾，别人都行礼他却平视不避。这就招致了之后的灾祸——刘公幹被罚做苦役，终身没有受到重用。王昶很敬重刘公幹的才能，但是他认为交友不能只看才能，还要看这个人的道德品行，以他们为镜，审视自身、鞭策自身。

除了要谦逊朴实，王昶还指出“其论议贵无贬”，即不要诋毁别人。王昶认为君子不会毁坏别人的声誉，因为诋毁别人会招致祸患。王昶十分认可孔子和马援的训诫，并将他们告诫学生子侄的故事写入了《家诫》中，劝诫家中后辈。

孔子说：“吾之于人也，谁毁谁誉？如有所誉者，其有所试矣。”（《论语·卫灵公》）子贡方人，孔子说：“赐也贤乎哉，夫我则不暇。”（《论语·宪问》）子贡评论别人的短处，随意地讲别人的过错，孔子就说：子贡啊，你就真的贤良吗？我就没有闲工夫去评论别人。孔子这是教导子贡不要轻易诋毁或者称赞别人。东汉伏波将军马援告诫自己兄弟的儿子时同样提及了不要轻易评判别人，希望他们不要议论别人的长短，不要胡乱点评时政。

在讲完如何约束自身的品行之后，王昶还在《家诫》中讲述了面对别人的诋毁的做法：“救寒莫如重裘，止谤莫如自修。”“人或毁己，当退而求之于身。”如果遭人诋毁，王昶希望子侄们能够先退让，在自己的身上找原因：“若己有可毁之行，则彼言当矣；若己无可毁之行，则彼言妄矣。当则无怨于彼，妄则无害于身，又何反报焉？”如果自身做了坏事，别人说得对就不应该埋怨别人，如果说错了对我们自己也没有什么坏处，为什么要报复对方呢？这种对待诋毁的方式是否正确见仁见智，但也是很有参考价值的。

那个时期的读书人重视自身品行，所以王昶在这里也强调要反省自己、默默约束自己、涵养自己的品行，不要把恶毒的话语加诸他人。这就是人们常说的，帮助受寒的人的最好方式是给他厚实的衣服，阻止别人进行毁谤的最好方式是涵养自己的德行。

王昶还提出“君子不立于危墙之下”，就是不要和那些随意评判别人好坏、议论别人是非的人纠缠，这是保全自身的做法，更不要和他们针锋相对。王昶用济阴魏讽和山阳曹伟这两个人的例子说明这些虚伪的人会带来很大的危险，他们用言语祸乱世间，挑动年轻人作乱，实在是居心叵测，最终都被处死了。

《家诫》中用很大的篇幅来论述谦逊朴实、不妄议他人的重要性，足见王昶对子侄们这方面的德行修养是十分重视的。

四、积极入世，“进仕尚忠节”

当时有不少官员热衷于清谈玄理，崇尚精神自由，行为放达，享受着高官厚禄却不问政事，政局混乱，征伐连年，但王昶却鼓励子侄们积极入世，努力成就一番大作为。

王昶本人就有很高的政治才能，在外放的时候也时刻关注着朝廷大事。他撰写了《治论》，一方面论说时政的弊端，另一方面参考古代的制度给出整改的建议。在军事上，他也积极探讨奇正交用的战术，撰写十几篇《兵书》上奏给朝廷。青龙四年（236年），皇帝下诏广纳人才，当时的太尉司马懿推荐王昶应选，之后王昶在徐州上任，被封为武观亭侯。他上书阐明屯兵宛城对战争不利，请求移驻新野，在那里训练水军、垦荒种粮。这说明他在政治、军事上都有所建树。

他鼓励子侄们以他的友人乐安任昭先（任嘏）为榜样，学习他遵循古道，保持内心敏锐而对外宽厚。虽然任昭先平时看起来似乎很胆怯，但是遇到事情能够见义勇为，在朝做官能够公而忘私。任昭先在做官之前家里十分贫穷，曾经卖过鱼，那时正好赶上朝廷增加卖鱼的税收，但任昭先仍然按照原价售卖鱼，不肯提升鱼价而获利。任昭先和别人合伙买牲口，等到卖家来赎回的时候，他的合伙人要求按照当时已经上涨的市价赎回，而任昭先只收了自己的本金，这让他的合伙人十分惭愧，也只拿回了本金。任昭先做官之后，受到魏文帝曹丕的重用。每次收到忠言他都记录下来，这些记录也始终保持公开。曹丕十分赞许他谨慎的品质，接连任命他做了东郡、赵郡和河东太守。每次上任任昭先都不负所托，积极施政，对当地的风俗进行教化。尽管任昭先修身行义、淳粹履道，但他从不宣扬，所以当时的人很少有对他表示赞扬的。任昭先去世之后，他的友人撰写、整理了他生前的事迹和著述，上奏朝廷收录起来，他的德行才为世人所知。任昭先在做官时兢兢业业、忠贞不二，这就是王昶强调的“进仕尚忠节”，也就是为官要尽忠尽节。同时，任昭先从不宣扬自己做的事，这也是王昶希望子侄们能具备的品行。

王昶提到伯夷、叔齐宁可在首阳山饿死也不出山，介子推宁愿在绵山被烧死也不愿意出仕的事迹，认为这些人的言行和品德虽然值得世人学习，但是真正的圣人并不会这样做。他不希望子侄们向这些隐士学习，而要向自己的先辈学习，积极入世、崇尚仁义、为人谨慎，为国家的发展做出贡献。

在王昶的教导下，他的子侄们大多入朝为官，做出了很多大事业。他的侄子王沈为官时从不避讳别人的批评，鼓励百姓评说自己的过失、推荐贤明的人才。当时王沈为了鼓励有识之士进言，设立了非常丰厚的奖赏。主簿陈广钦和褚碰劝说他不要设置太过丰厚的奖赏，这样会让那些拘谨正直的人不愿进言，而那些贪财无能的人却会为了奖赏胡乱编排，反而会造成不好的影响。只要做官为政的人表现出喜好忠言直谏就像冰是冷的、火是热的一样自然，那么正直的人就都会到这里来进言。王沈最后采纳了他们的建议，并没有重赏进言的人。

王沈还教导年轻人学习先王的教化，这样才能够让国家越来越兴盛。他倡导革新，鼓励兴办学校、发展教育，当时九郡之士都受到了他的影响。景元四年（263年），王沈在魏蜀吴三国的战争中因镇守调遣有方，做了镇南将军。两年之后，晋国建立，王沈因为有开国之功，被封为博陵郡公，但是他坚决辞让不受，最后仅仅是封为县公。历史上对王沈事晋的评价褒贬不一，但是他做官时勤俭节约、对年轻人的教导重视道德教化等功绩，确实产生了很大的影响。《晋书》记载晋武帝追思王沈时提到：“夫表扬往行，所以崇贤垂训，慎终纪远，厚德兴教也。故散骑常侍、骠骑将军、博陵元公沈蹈礼居正，执心清粹，经纶坟典，才识通洽。入历常伯纳言之位，出干监牧方岳之任，内著谋猷，外宣威略。建国设官，首登公辅，兼统中朝，出纳大命，实有翼亮佐世之勋。”

王昶的儿子王浑也是魏晋时期的名臣，在晋灭吴之战中，王浑协助司马炎平定东吴，在战后被封为京陵公，此后转任征东大将军，镇守寿春。王浑审讯犯人很少用刑，处事果断，令当时江东百姓民心安定，纷纷归附西晋。《唐会要》将王浑尊为“魏晋八君子之一”。由此可见，王氏一族的家风确实教育出了一批优秀的人才。

王昶在《家诫》的最后提出了“诫子十其”，并说道：“如此而已。吾复何忧哉?”如果家中子侄都能够做到这十件事，那么王昶就再也没有什么忧虑了！他对家中子侄的教导重点在德行的培养和入朝为官的行事准则，这和中国历代读书人对自身和后辈的要求是一致的，即为人处世要尽善尽美，还要尽可能发挥政治才能、实现政治理想。王昶倡导的“诫子十其”家风让王氏一族得以兴盛，对现代人的品德修养和优良家风的建设也大有裨益。

第七章

嵇康：守志坚定，立身清远

人无志，非人也。但君子用心，有所准行，自当量其善者，必拟议而后动。若志之所之，则口与心誓，守死无二，耻躬不逮，期于必济。若心疲体懈，或牵于外物，或累于内欲，不堪近患，不忍小情，则议于去就；议于去就，则二心交争；二心交争，则向所以见役之情胜矣！或有中道而废，或有不成一匮而败之。以之守则不固，以之攻则怯弱；与之誓则多违，与之谋则善泄；临乐则肆情，处逸则极意。故虽繁华熠耀，无结秀之勋；终年之勤，无一旦之功。斯君子所以叹息也。

——嵇康《家诫》

说起魏晋南北朝，人们常常想到“魏晋风度”；提及“魏晋风度”，人们往往先想起嵇康。一千七百多年前某天的洛阳东市，在三千太学生上书请以嵇康为师而未被准许后，嵇康弹罢一曲，而后长叹一声“《广陵散》于今绝矣”。时至今日，此慷慨之声犹在许多人的心中回响。

嵇康是竹林七贤中最有名的人，也是“魏晋风度”的精神象征。在那个时代，名教礼法和个人性情之间出现了巨大的冲突，嵇康、阮籍要通过饮酒、服五石散，甚至裸体等放浪形骸的方式来表达对名教的抗争。照此看来，嵇康等人似乎无所谓家庭、家风。然而吊诡的地方在于，就是这位“非汤武而薄周孔”的嵇康，在给儿子嵇绍的《家诫》中特别叮嘱他与人交往要谨慎、做人要本分等。他的言行与他的《家诫》是不是矛盾呢？如何去理解呢？鲁迅先生曾经有一个说法：

还有一个实证，凡人们的言论，思想，行为，倘若自己以为不错的，就愿意天下的别人，自己的朋友都这样做。但嵇康阮籍不这样，不愿意别人来模仿他。……嵇康是那样高傲的人，而他教子就要他这样庸碌。因此我们知道，嵇康自己对于他自己的举动也是不满足的。所以批评一个人的言行实在难，社会上对于儿子不像父亲，称为“不肖”，以为是坏事，殊不知世上正有不愿意他的儿子像他自己的父亲哩。

鲁迅先生认为嵇康对自己平日的行为也不是很赞同，所以给儿子的家训又是另一番模样。这固然不失为一种解释，但鲁迅先生仍认为嵇康是分裂的。俗话说，言传身教，内在地讲，我们认为嵇康的行为主张和他的《家诫》是一贯的。接下来就通过嵇康的生平和《家诫》来谈一谈。

一、“人无志，非人也”

嵇康的《家诫》是在入狱之后所写的，读起来有点遗嘱的味道。在狱中，他感叹道：“虽曰义直，神辱志沮。”系狱的嵇康仍保持自信，但也开始对自己平时的一些行为进行反思，这种变化也体现在《家诫》对儿子的告诫中，希望他不要重蹈自己的覆辙。但从整体来说，《家诫》首先展现了嵇康一贯的立场，这从第一段明显可以感受出来。

《家诫》第一段开始几句说：“人无志，非人也。但君子用心，有所准行，自当量其善者，必拟议而后动。若志之所之，则口与心誓，守死无二，耻躬不逮，期于必济。”人首先要立志，这个志向不仅要合理，而且还得是自己内心最深层的需要。只有在内心扎下深深的根，以后才能坚持不懈地朝着志向而努力。“若志之所之，则口与心誓，守死无二”不仅仅是对嵇绍的嘱托，也是对他自己一生的写照。

曹魏正始年间，是思想和政治都极为敏感而又动荡的年代。一方面，何晏、王弼等引领的玄学清谈风靡一时；另一方面，代表皇权的曹氏与贵族集团司马氏的斗争日趋激烈。嵇康追求无累而洒脱的人生，这是他年轻时就树立的志向。面对这样的局面，他从洛阳返回山阳。据清华大学历史系教授王晓毅的研究，所谓“竹林之游”就发生在嵇康在山阳的居所旁边。

竹林之游成就了“竹林七贤”，即嵇康、阮籍、山涛、向秀、刘伶、王戎、阮咸七人。但需要注意的是，这仅仅说明这七个人曾经在一起活动过，并不代表他们是铁板一块，或者是一个共同体，更不能说明他们的智慧、情操以及道德水平在伯仲之间。竹林之游期间，王戎还是年轻人，虽然才思敏捷，涵养也不错，但嵇康未必看得上他。在《世说新语》中，王戎以吝啬出名，他和妻子天天拿着算筹算账，忙得不亦乐乎。他家里种的李子很好吃，就想着卖掉以发财，但又担心别人拿这些李子的核去种，就不厌其烦地给每个李子核钻洞。王戎女儿借了他一些钱，没还的时候，他一直脸色不好，直到女儿把钱还上，他才又高兴起来。最关键的是，王戎是一个惯于明哲保身的人，在魏晋激烈的斗争中王戎适时地站在拥护司马氏的一方，而在后来晋王室的内乱之中，王戎也凭借着聪明周旋其间。在嵇康看来，这就算是没有什么“志”的人。竹林之游期间，有一次王戎来晚了，阮籍直接说：你这个俗物怎么又来扫大家的兴了？

“竹林七贤”中，嵇康、阮籍、山涛的关系比较好。据《山涛别传》记载，阮籍、嵇康都是才气高、见识远的人，相契甚深，但他俩的交情之高妙一般人很难理解。山涛与他俩一见面，就成为神交，甚至“契若金兰”。这里还有个故事：山涛给妻子提起自己与嵇康、阮籍交好，他妻子也非常好奇这名满天下的两人到底长什么样子，就请山涛留宿嵇、阮。到了晚上，山涛的妻子透过窗户偷看二人的容貌行止和言论。第二天，山涛问妻子的感受，他妻子说：你的才气真的不及他们，也就见识、气度和他们差不多。

事实证明，嵇、阮二人，不仅在才气高，或者说，这里的“才”除了聪明，更多的是志向和境界，这一点山涛无法与之相比。正始年间，曹魏与司马氏的斗争日趋白热化。正始十年（249年），司马懿发动高平陵政变，诛杀大将军曹爽等人，同时依附于曹氏的正始名士如何晏、邓飏等也被害。甘露五年（260年），司马昭竟然做出了弑杀皇帝曹髦的事。一时间人们骇然，却又不敢议论。我们姑且不论曹氏与司马氏斗争的正义性如何，从旧的礼制和道德来看，司马氏的行为无疑是悖逆之举，但司马氏却又恰恰以名教来标榜自身地位的合法性。这种虚伪奸诈或者说“皇帝的新装”在当时的士大夫看来当然是臭不可闻但又不能不满怀愤懑地接受的。看似淡漠洒脱的嵇康，当然也看不惯这样的行为。因为《庄子》的话言犹在耳：“彼窃钩者诛，窃国者为诸侯。”

阮籍面对这种局势采取的应对方式是醉酒。他当然也看不惯司马氏的作为，但司马氏又很看重他，所以他只好通过醉酒的方式回避。比如司马昭想和他结为亲家，他不置可否，酩酊大醉六十天，司马昭只好作罢。司马昭加九锡的时候，想让阮籍写劝进的文章，阮籍也通过醉酒的方式消极抵抗，但他最终还是不得已写了。与阮籍相比，山涛对司马氏的态度比较积极。山涛与司马懿的夫人是亲戚，不管是出于情感，还是出于对形势的判断，他都支持司马氏一方。竹林之游时，山涛还未表现出这种积极的态度。随着司马氏集团取代曹魏的步伐不断加紧，山涛也越来越成为其心腹，越来越“上进”。景元二年（261年），山涛从吏部郎高升为大将军司马昭的从事中郎——类似于司马昭的秘书。这时山涛就向司马昭举荐嵇康来接替自己曾担任的吏部郎一职。嵇康当然充满了不屑，于是流传千古的《与山巨源绝交书》诞生了。

嵇康与山涛的绝交，首先就是“志”的绝交，所谓道不同不相为谋。书信中有这么一段话：“故尧、舜之君世，许由之岩栖，子房之佐汉，接舆之行歌，其揆一也。仰瞻数君，可谓能遂其志者也。”嵇康列举了两类人物：一类是积极出仕、平治天下的尧、舜、张良，一类是隐居自得的许由、接舆。他们各有自己的志向，都是对的——只要能按照自己的志向做下去就可以了。同时这里也暗含着如下意思：你山涛想要“奋发有为”，而我嵇康是许由、接舆一类的隐者或狂人，咱们不是一路人。嵇康很自得于隐者、狂人的定位，在《庄子》中，正是这些人提供了一种名教之外的全新的、自然的生活方式和生命状态，是“全德”者。这里多次谈到“志”的问题。他书信中说“志气所托，不可夺也”，不正是《家诫》中“若志之所之，则口与心誓，守死无二”的简洁表达吗？

山涛与嵇康早年如此交好，岂不知道嵇康的志向？但他仍然向司马昭推荐嵇康为吏部郎，只能指向一种隐情：这个所谓的“推荐”，背后其实是司马昭的“任命”。司马昭想通过山涛放风，要求嵇康出来做官，并且站在司马氏一方。阮籍其实已经做了官，但为了不陷到斗争旋涡中去，他求了个步兵校尉。嵇康被杀之后，向秀也察觉到了危险，于是也去做官，司马昭问：“闻君有箕山之志，何以在此？”我们可以想象当时司马昭是一种怎样的得意、轻蔑。“箕山”是许由隐居过的山，“箕山之志”也恰恰是嵇康的志趣所在。再由此反观嵇康，他当时要公开与山涛绝交，就是戳破了这层司马昭讽喻嵇康做官的窗户纸。鲁迅先生说嵇康被杀主要是因绝交书中的“非汤武而薄周孔”戳破了司马氏的虚伪。但从阮籍、嵇康、山涛、向秀的进退中，我们可以知道其关键问题在于嵇康是以与山涛绝交的方式表达与司马氏集团的决裂。

抛开政治立场不谈，山涛这个人还是比较靠谱的，这一点嵇康也了解。所以他与山涛的绝交是志趣的绝交，以及借此表达与司马氏的决裂。但他心理上不十分排斥山涛，不然早年也不会与山涛有畅快的交游。嵇康在临死前，可能是写完《家诫》之后，见到刚刚十岁的儿子嵇绍，便意味深长地说：有山涛在，你不会孤单（被人欺负）的。嵇康临终托孤，却想到了一个自己曾经写信与之绝交的人，可见嵇康当时写那封信并不是真正与山涛绝交，而是借题发挥而已。事实证明，嵇康死后，山涛也负起了提携照顾嵇绍的责任。

二、临义让生，“此忠臣烈士之节”

山涛后来掌管官吏铨选，对晋武帝司马炎说：父子罪不相及，嵇绍才德俱优，应该提拔为秘书郎。司马炎便直接任命嵇绍为更高一级的秘书丞。人们或许对这种照顾又有看法。第一，嵇康是那样的超然物外，怎么可能愿意他的儿子出来做官呢？山涛举荐嵇康做官，嵇康直接与他绝交；山涛又推荐嵇绍做官，嵇绍难道不该效仿他父亲，直接拒绝吗？第二，嵇绍的父亲死于司马氏集团之手，嵇绍自己却做司马氏集团的官，是不是不孝呢？郭象就评论说：“嵇绍父死在非罪，曾无耿介，贪位死暗主，义不足多。”

其实这里涉及“家风”如何认定的问题。一个人是不是一定要与祖、父的行为完全一致，才算传承家风呢？其实不然。嵇康《家诫》中强调的是“志”的坚定和一贯性。人的性情不是完全相同的，有的期望过洒脱的生活，就选择隐居林泉；有的渴望共同体，对国家和人民有无限的责任心，就选择出仕。关键在于自己要看清楚自己的性格，叩问出自己的志向，不要做一个志与行相违背的、扭曲的人。嵇康期于洒脱，超越名教；嵇绍没有其父的才气和境界，做一个方正的君子之士，同样不辱没门风。

再从当时的政治社会环境来看，嵇绍的选择也没什么大问题。易代之际，效忠于哪一个王朝本就是难以抉择的问题。它没有什么固定的公式，而是要看每个个体所处的社会关系以及志趣。嵇康在正始年间娶了曹魏的长乐公主，后来任中散大夫。这倒并不是他热衷于“上进”或做官，而是在那时有一定的职级或官爵，乃是养家和自由辩论的一个正常条件。然而他既然选择了娶曹魏的公主，天然的道德感就注定他以后要做曹魏之忠臣，至少也要超然物外，不与司马氏为伍。

嵇绍则不同。他没有做过曹魏的官，就不存在为曹魏尽忠的道德义务。嵇康死后第三年，司马炎称帝，建立晋朝，当时嵇绍十三四岁，还是少年。这和明清之际遗民的情况有点类似。明朝灭亡，清兵入关，当时的士大夫感慨“神州陆沉”“天崩地解”，不少有识之士愤起抗清，但大局已定，无可挽回。清朝稳定之后，政府也希望这些前朝的遗民出来做官，但他们大都选择隐居不仕。顾炎武对举荐他应博学鸿词科的叶方蔼说：“七十老翁何所求？正欠一死。若必相逼，则以身殉之矣。”王夫之、黄宗羲等也都如此决绝。但“遗民不世袭”，王夫之、黄宗羲的儿子都参与了清政府的政治或文化建设，因为他们没有食过明朝的俸禄，成长时期又在清朝，故其应举是没有什么大问题的。嵇绍亦是如此。

事实证明，山涛的判断是不错的。嵇绍在晋朝为官，以清正刚直著称。晋惠帝时期，贾谧专权，嵇绍不阿附贾氏。然晋惠帝不智，导致晋朝陷入了长达十六年的八王之乱。一般说来，第二、三代皇帝恰是励精图治的时候，像晋朝这样，缔造者死后继位以“白痴皇帝”，随即陷入长时间宗室内乱的，也算是非常奇葩了。

西晋的八王之乱，先是皇后贾南风借助汝南王司马亮、楚王司马玮的力量诛杀太傅杨骏以灭其势力，又利用司马玮除司马亮，随后矫诏称司马玮意图谋反而将之杀害。此后，贾南风杀害晋惠帝的太子，赵王司马伦遂借机清除贾皇后的势力，最后废黜晋惠帝，将之幽禁在金墉城，自立为皇帝。司马伦倒行逆施，齐王司马冏联合河间王司马颙、成都王司马颖起兵讨伐。死了近十万人后，司马伦兵败被赐死。司马冏从金墉城迎回晋惠帝复位，自己任大司马辅政。这时嵇绍任侍中，一直给各路藩王进谏，期望他们不要过于骄横。齐王司马冏大肆建造宅第，骄奢放纵，嵇绍多方劝谏。司马冏虽然谦逊恭顺地回应嵇绍，但就是不听从他的意见。此后长沙王司马乂攻杀司马冏，独揽大权。司马颙、司马颖不满，起兵讨伐司马乂，晋惠帝命司马乂迎击。司马乂问部众：今日西征，谁做都督呢？军中将士都说：希望嵇侍中在前面引导，我们虽死犹生。司马乂最后失败，被用火烤死。很多官员跑到邺城去向司马颖请罪，嵇绍独不往。嵇绍是忠于长沙王司马乂吗？当然不是，八王之乱的诸侯王们没有一个是纯粹正义或无辜的。我们观察一下嵇绍在其中的选择，必非是站在某一王的立场，而是站在中央朝廷的一方。

这种选择注定了嵇绍的悲剧。司马乂死后，因成都王司马颖有威望，军事实力强，被拜丞相，封皇太弟，在邺城建立别都。河间王司马颙任太宰。东海王司马越为尚书令，在洛阳辅佐晋惠帝。司马越不满于司马颖在邺城的专政，就召集将士带着晋惠帝进攻邺城，讨伐司马颖。嵇绍此前因为替司马乂拒战司马颖而被废为平民。此时司马越又重新启用嵇绍，当时嵇绍被废在家，一听说晋惠帝已被裹挟亲征，就马上接受诏命奔赴惠帝行在。临行前，有人问他：现在的局势十分危险，你去效命，有没有骏马？意思是，若有骏马，关键的时候可以逃命。嵇绍严肃而坚定地说：皇帝亲征，以正伐逆，按道理是有征无战，如果皇帝真的失败了，我奉守臣节，舍生取义而已，需要骏马干什么！由于司马颖兵力强盛，司马越的军队不敌，司马颖的军队在荡阴包围了惠帝，惠帝本人脸颊受伤，中三箭，属官们四处逃窜。此时只有嵇绍站出来。他端正好朝服，下马站在晋惠帝的车辇前，挺身仗剑，保卫惠帝。司马颖的士兵们把嵇绍按到惠帝的车辕上，惠帝在车里大喊："忠臣也，勿杀！"士兵们却说："奉太弟令，惟不犯陛下一人耳。"士兵们对嵇绍一顿乱砍，血溅惠帝一身。惠帝被俘往邺城，侍从要给他浣衣，他伤心地说：

"嵇侍中血，勿浣也!"看到这里，我们不禁想起春秋时代，为捍卫卫国国君，在内乱中结缨而死、被剁为肉酱的子路。

《资治通鉴》记述了这个血腥而悲壮的过程，元人胡三省为《资治通鉴》作注，到了晋惠帝说"嵇侍中血，勿浣也"这句话时，胡三省慨叹："孰谓帝为戆愚哉!"胡三省的注释以考证精详、言简意赅著称，此处却忽发感慨，可以想见他在读到这段时的震惊和悲愤。这句话表面上是对晋惠帝"白痴"的传闻加以纠正，其实是借此对嵇绍的慷慨就义抒发愤懑之情：连传闻为"白痴"的惠帝，面对嵇绍之死节都如此悲伤，那些号称聪明的人，岂不当羞愧吗?

说到这里，可能又有人发出类似郭象"贪位死暗主"的指责，甚至认为嵇绍不如其父旷达和一贯。但正如我们曾指出的，嵇绍并非愚蠢地为了某人去效忠。八王之乱无义战，嵇绍不效忠于八王中的任何一人，他只是站在朝廷的视角，去劝谏、辅佐某些藩王，比如齐王司马冏、东海王司马越，同时站在朝廷的立场去抗拒或讨伐某些藩王。然而不免又有人要问：效忠于这么一个愚蠢的皇帝，岂不是更愚蠢?这里我们不得不辨析一番。嵇绍所效忠的，是不是晋惠帝私人呢?就中国古代封建王朝而言，皇帝具有两重性。他一方面代表个人和皇族，拥有最高的权力，这种效忠固然可以说是愚忠；但另一方面，皇帝是国家主权的最高代表。也就是说，不管"白痴"也好、淫奢也罢，他的位格意义远比他的私人意义更为重要。嵇绍不是晋惠帝司马衷的私臣，而是晋王朝的侍中；晋王朝不是司马氏一家一姓的私产，乃是公器。嵇绍所效忠的，是自己心中的士大夫的职责，而不是某个皇帝而已。若按照功利主义的计算方法，晋惠帝是没什么前途的，司马颖兵力强盛，司马越初看也没什么作为，所以司马越这次"北征"的失败，正常人都能想到。明知是九死一生之局，嵇绍还要前往，仅仅是因为可以重新做官吗?

嵇绍的忠，看上去是一种执着，然其本质，仍是符合自己心志的洒脱。只是靠对名声或权力的欲求，是支撑不了他这种壮举的。当嵇绍喊出"臣节有在，骏马何为"，其洒脱与嵇康有何二致?他在千军万马前"俨然端冕，以身捍卫”的志气，与当年铿锵打铁的嵇康又有何不同？嵇康、嵇绍父子所秉持的志向虽不同，但他们在奋力坚持，像打铁一样锤炼生活和自身的作风，又是何其相似。毕竟嵇康在《家诫》中也写道：

不须作小小卑恭，当大谦裕；不须作小小廉耻，当全大让。若临朝让官，临义让生，若孔文举求代兄死，此忠臣烈士之节。

三、“凡行事先自审其可”

嵇康的《家诫》唯一可以说得上有点追悔意味的，是他不断以“慎”来告诫儿子。他说：“凡行事先自审其可，不差于宜，宜行此事。”又说：“夫言语，君子之机。机动物应，则是非之形著矣，故不可不慎。”意思是，做事前要审度一下可不可以做，而君子的是非态度都会通过其言语显露出来，所以不可不谨慎。嵇康被下狱的直接原因有两个：高调地写下《与山巨源绝交书》，要“非汤武而薄周孔”，指桑骂槐地讽刺司马氏；因过于高傲而得罪钟会，钟会便在司马昭面前煽风点火。这样说来，嵇康是给儿子传授教训。

嵇康很早就意识到自己容易得罪人的问题。在《与山巨源绝交书》中，他自述有九种毛病，所谓“不堪者七，甚不可者二”。其中非常严重的一条是“刚肠疾恶，轻肆直言，遇事便发”。从这个描述可以看出，嵇康是眼里容不得沙子的，不仅心直，而且口快。实际上，嵇康也并非不想谨慎。《晋书》记载他“恬静寡欲，含垢匿瑕，宽简有大量”。面对这两种看似相反的关于嵇康性格的描述，我们只能得出一个结论：嵇康是努力要谨慎的，对于那些不违背他底线和原则的人物，他能加以包容；但对于违背他底线的，便忍不住要讥讽；同时，对于他不十分看得上的人，他虽然可以包容，但绝对不会迁就高看。

在谨慎这一点上，嵇康显然没有他的神交阮籍做得好。阮籍和嵇康都是放达之士，在世俗礼教方面多有违背，但阮籍不同的地方在于，他说话时“发言玄远，口不臧否人物”。评点臧否别人，是很危险的，不仅会得罪被评点的人，而且还有更远的政治影响。因为你只要评点，就不免有立场。譬如表达对曹魏集团人物的激赏，就会被司马氏集团或政敌拿来做文章。嵇康也自觉在这方面不如阮籍：“阮嗣宗口不论人过，吾每师之，而未能及。至性过人，与物无伤，唯饮酒过差耳。至为礼法之士所绳，疾之如仇，幸赖大将军保持之耳。”

嵇康的这句话也透露了一个信息：即使如阮籍那般谨慎，在那个动乱的年代也是很危险的，阮籍能全终，还是因为得到了司马氏集团的信任。事实上，阮籍虽然通过酒醉等方式竭力与司马氏疏远，但还是做了以下最基本的两件事：一是司马氏在举荐他做官时他接受了，虽然申请的是一个闲职；二是司马昭要进位加九锡时的劝进表，阮籍到底还是写了。

再看二人与钟会的关系。史书记载，司马昭在犹豫要不要杀嵇康时，钟会成了那个捅最后一刀的人。这源于之前嵇康得罪了钟会。钟会是当时的贵公子，又以清谈闻名，当然想会一下嵇康。他觉得以自己的名望和地位，嵇康应该会好好接待自己。但当时嵇康和向秀正在打铁，钟会等了良久，嵇康仍自顾自在那打铁，不搭理他。钟会很无奈，只好离开。但这时，嵇康却来了一句：“何所闻而来？何所见而去？”钟会愤愤地说：“闻所闻而来，见所见而去。”这简直是“讽刺值”和“仇恨值”都双双拉满的对话，文言文的记载太传神，以至于现代汉语难以把其中的味道翻译出来。我们可以想象嵇康当时的洒脱与不屑，亦可以想见钟会当时的愤懑和心中深深的恨意。后来嵇康被逮捕时，钟会给司马昭提供了三条嵇康的罪名：一是嵇康不做司马氏的官，影响很大；二是他曾参与过毌丘俭的“叛乱”；三是他的行为和言论破坏了社会秩序和伦理纲常。后两条是杀嵇康的所谓“正当”理由，而总体来说还是因为他属于游离在司马氏集团之外甚至站在对立面的思想家，司马昭这才下定了杀嵇康的决心。

钟会也曾多次询问阮籍对时事的看法，试图抓住他言论的漏洞来治罪。

但阮籍爱喝酒，偶尔有说得不对的地方，司马昭都认为这是阮籍喝醉了，不必当真。阮籍的不拘礼法，较之嵇康更甚，比如在居丧和男女交往方面，往往有不为世俗所接受的事迹。由此可见，不管谨慎与否，在魏晋嬗代之际，决定你有没有罪，最关键的还是是否有来自最高权力者的信任，钟会只是一个辅助而已。阮籍偶有不慎，也没大问题；嵇康小有不慎，就可能陷入囹圄。这是二人各自的性情、社会关系所导致的。

嵇康是力求谨慎而做不到的人，他的儿子嵇绍也没完全做到。史载嵇绍"诞于行己，不饰小节"，还是有其父之风。但他们仍旧对慎言、慎行有追求，只不过如果是为了谨慎而谨慎，苟全性命于乱世，也非嵇康、嵇绍父子的追求和家风。

四、立身清远，节制饮酒

《家诫》的最后，嵇康告诫儿子要节制饮酒。我们单独把这个问题提出来，是因为这条训诫在魏晋风度中也显得有些特别。

《魏晋风度及文章与药及酒之关系》是鲁迅先生讨论魏晋文化的名文，对后来的魏晋思想研究影响巨大。他的关注点十分有意思：不是魏晋名士的清谈，而是他们的服食与饮酒。饮酒成为那个时代一种超然的行为符号。可以想见以嵇康、阮籍为核心的竹林之游，其活动的主题之一也是饮酒。阮籍、刘伶、阮咸都是以醉酒闻名。譬如刘伶常常乘鹿车、饮酒出行，让仆人扛着锹，说："死便埋我。"有一次刘伶醉酒，在屋中脱光了衣服，朋友们进来讥笑他，他却说：我把天地当房子，把房屋当裤子，诸位为什么跑到我裤子里来？阮籍更是有名的酒徒，他一醉就常常好几天不醒。

刘伶写过一篇《酒德颂》，里面描述了一位"大人先生"，但其形象却是整日提着酒壶，除了喝酒什么也不关心的人。有两个"贵介公子"前来指责"大人先生"，但不过如虫子一样渺小。阮籍则直接写了一篇《大人先生传》，以表达对这种人格的追求。可以想见，嵇康也是对此种人格怀有理想的。

然嵇康却不善饮酒。他曾写诗道：“酒色何物，今自不辜。歌以言之，酒色令人枯。”其实阮籍、刘伶与那些世俗的酗酒之徒岂是一回事？他们醉酒一方面是为了逃避政治迫害，有类箕子之佯狂；另一方面是通过饮酒这种行为，反抗方内世间的名教礼法。“大人先生”喝不喝酒并不重要，真诚地任自己浑然自在地生活，才是关键所在，醉酒仅仅是其中的符号或媒介之一。嵇康由此告诫儿子：

不须离搂强劝人酒，不饮自已。若人来劝己，辄当为持之，勿请勿逆也。见醉薰薰便止，慎不当至困醉，不能自裁也。

不要强迫别人喝酒，但别人请你喝酒也不要直接拒绝，可以勉强喝一点，但决不可酩酊大醉。古往今来，因强迫喝酒而发生的惨剧比比皆是。春秋时代，鲁桓公就是被齐襄公灌醉后，在车中被彭生杀死的。汉代大侠郭解的外甥强迫别人饮酒，别人一怒之下将其杀掉。嵇康自己饮酒比较有节制，故告诫儿子也不要酗酒。其实好饮的阮籍，在面对儿子阮浑要学他饮酒时，他也告诫：已经有侄子阮咸步我后尘了，你就不要学了！家族的传承，肯定是不能以终日酩酊大醉为宗旨的。

事实证明，嵇康的《家诫》与其一生宗旨是一贯而不相悖的。向秀《思旧赋》写道：“悼嵇生之永辞兮，顾日影而弹琴。”嵇康临终那种决绝、孤独而又伟岸的形象，不仅映照到三千太学生那里，更刻入了他的儿子嵇绍心中。可以看出，嵇绍的一生就是以其父亲的告诫而行事的。嵇绍的侄子嵇含，也是这样做的。嵇家三代的门风，亦足以令人景仰。

第八章

陶渊明：但使愿无违

汝辈稚小家贫，每役柴水之劳，何时可免？念之在心，若何可言！然汝等虽不同生，当思四海皆兄弟之义。兄弟之义。鲍叔、管仲，分财无猜；归生、伍举，班荆道旧。遂能以败为成，因丧立功。他人尚尔，况同父之人哉！颖川韩元长，汉末名士，身处卿佐，八十而终，兄弟同居，至于没齿。济北氾稚春，晋时操行人也，七世同财，家人无怨色。《诗》曰：『高山仰止，景行行止。』虽不能尔，至心尚之。汝其慎哉，吾复何言。

——陶渊明《与子俨等疏》

复行数十步，豁然开朗。土地平旷，屋舍俨然，有良田美池桑竹之属。阡陌交通，鸡犬相闻。其中往来种作，男女衣着，悉如外人。黄发垂髫，并怡然自乐。

著名东晋诗人陶渊明笔下描绘的桃花源，展现了美好的理想社会，流传千载，早已成为人们神往的世界、心灵的故乡。而陶渊明作为我国田园诗派的开创者，一生平淡如水，他以高迈的人格，在中国历史上荡起了无尽的涟漪。

陶渊明，字元亮，又名潜，号五柳先生，谥号靖节，是我国东晋末期至南朝宋初期的诗人。其诗恬淡隽永，影响深远；其人淡泊高洁，是后世追慕的楷模。孟浩然、李白都是他忠实的拥趸，苏轼更是把他当作自己的精神伴侣。应和着陶渊明的《饮酒》，苏东坡写下过《和陶饮酒二十首》，诗中蕴含、唤起的情感共鸣，支撑他走过了人生中艰难的岁月。相信在中国漫长的历史中，类似苏东坡这样的人不在少数，他们都受陶渊明精神的滋养，面对黑暗时局，横眉冷语“不为五斗米折腰”，而后退身，遥望飞鸟、近赏寒菊，在时代、命运的喧嚣中，纵情于自然。

陶渊明的思想，很大程度上来自他的家族，其中对他影响最大的有两个人。一个是他的曾祖父陶侃。陶侃是个兵家，他起自寒门，经过艰苦卓绝的努力，打破东晋门阀限制，最终督七洲兵马，封长沙郡公，陶渊明一直以他为傲，他激发了陶渊明的勤勉、刻苦与自强，让少壮时的陶渊明“猛志逸四海，骞翮思远翥”。另一个是他的外祖父孟嘉。孟嘉是当时的名士，随性善饮，很受时人敬重，陶渊明在他身上看到了一个“遗世独立者”的风雅与洒脱。

陶渊明有五个孩子，都在他的身边成长。他留下来的诗文中，虽然涉及教育孩子的不算多，但他一定把对生活的感悟，通过言传身教传递给了孩子们，让孩子们在那个以功名为务的年代能够随性、守拙、乐天，也为我们提供了一种全新的教育观念，对教育“内卷”激烈的今天颇有启示。

一、“性本爱丘山”

《论语》中有一个故事。有人问子路：你的老师孔子是个什么样的人呢？子路没有回答。子路当然有对老师的判断，但是不好替老师回答这么重要的问题。孔子知道了，就对子路说：“女奚不曰‘其为人也，发愤忘食，乐以忘忧，不知老之将至’云尔。”（《论语·述而》）这是孔子的自我确认，是见其本性的回答了。而在西方，德尔菲神庙中三句箴言的第一句就是：认识你自己。这是古希腊文明对人生最有力的教育，后来也成为整个西方文明思考人生的基础。可见，古今中外，所有智者都在回答这一人生的大命题。

见其本性，充分认识自己，是人生的起点，也是人生的终点，快乐、痛苦系于此，幸福与不幸也都关乎于它。认识自己，按照自我认知去生活，我们把它称为按本性生活。陶渊明就是按本性生活的典范，我们从他一生的选择与持守中，看到了按本性生活的可贵，其间既有甜蜜沁心，又有艰难入骨，但无论如何，在熙熙攘攘的人世间，这样的生活为他的孩子和后世的人们提供了一个别样的样板。

东晋时期门阀制度盛行，阶层固化极为严重，每个人的人生剧本，基本上都会按照家庭在社会上的地位提前写好，个人的本性并未得到重视，陶渊明也是如此。他的家庭虽然不算豪门大姓，他的父亲早逝，家境衰落，但是门第使然，他还是会迈入仕途，做一个不大不小的官，顺利的话，会在案牍消耗、觥筹往来之间了却人生，也可能卷进政治的旋涡，黑化自己、荼毒他人，或者熬不过“三集”，提早领了“盒饭”。陶渊明二十多岁时开始了宦游生涯。他起点不高，这从他后来的诗中可以知道，这个时候上级派给他的净是一些出远门的差事，让他苦不堪言。几年颠沛流离的生活之后，他做上江州祭酒，而后是江州主簿，再后是几次入幕，最后大概在他三十九岁的时候，做到彭泽令。之后，他挂印返乡，永诀官场。在官宦生涯中，他屡次辞职，又应招出仕，活得非常挣扎。其间，他母亲去世，发妻早丧而后再娶翟氏，五个孩子相继出生、长大。孩子们看到了做官的父亲短暂回家时的欣喜、挣扎，再次离家时的沮丧与无奈。而最令他们印象深刻的事件，一定是父亲从彭泽县返乡的时候。这时，大儿子陶俨也快到弱冠之年了，他领着弟弟们看到了父亲“载欣载奔”的喜悦。为什么喜悦呢？陶渊明后来在《归园田居（其一）》中道明了他的本性：“少无适俗韵，性本爱丘山。”他现在终于可以按自己的本性生活了。回家，其实是回归了自己的本性，孩子们一定能从这种精神氛围中感受到，这是人生喜悦的根本所在。这种深刻的体验式教育，是言辞所无法替代的。

从陶渊明的生活与诗文中我们可以看到，他是一个十分注重确认自己本性的人。陶渊明五十来岁时，写下了《与子俨等疏》一文，当时五个儿子基本都已成年，而陶渊明正经历一次很厉害的疾病，多方用药，都没有什么效果，他觉得自己可能将不久于人世了。因此，这篇文章可以当作他给儿子们的遗嘱来读，也是他对儿子们最后的教育。他在文章中剖析自己：“少学琴书，偶爱闲静，开卷有得，便欣然忘食。见树木交荫，时鸟变声，亦复欢然有喜。常言五六月中，北窗下卧，遇凉风暂至，自谓是羲皇上人。”羲皇指伏羲氏，陶渊明说自己是上古时期的那种无忧无虑的人。这种本性的确认，以及后来的按本性生活，是非常坚定的，他太知道“我是谁”了。这种剖析，也一定给了孩子们启发，父亲知道他自己“性本爱丘山”，只有遵循本性生活，才能获得快乐。

陶渊明其实也和很多父母一样，对自己的孩子有喜爱、有期待、有教育，也有责备，甚至失望。陶渊明在长子陶俨出生的时候，写了一首《命子》诗。诗中追溯自己的祖先，列举自家谱系中的名人，最后写道：“夙兴夜寐，愿尔斯才。”意思就是希望孩子将来能够勤勉惜时，成就一番事业。

这是所有父母的愿望。对长子如此，对其他的孩子大概也是如此。而他最有名的一首教子诗是《责子》：

白发被两鬓，肌肤不复实。
虽有五男儿，总不好纸笔。
阿舒已二八，懒惰故无匹。
阿宣行志学，而不爱文术。
雍端年十三，不识六与七。
通子垂九龄，但觅梨与栗。
天运苟如此，且进杯中物。

这首诗表面上看，如题目所言，是责备儿子们的不长进，不好纸笔、懒惰无匹，不爱文术、专爱玩要。但我们仔细看全诗，整首诗节奏轻快、格调明朗，孩子们的不务正业也并没有引起老父亲多么强的烦闷与怒气，倒是能够玩味出一种父子间的幽默感。到了最后一句“天运苟如此，且进杯中物”，意思是，如果是上天的安排，那么也就顺应吧，我还是寻找我的快乐。可能有人认为陶渊明态度消极，为什么不严格要求孩子呢？我们通过《命子》一诗可以知道，陶渊明对孩子不是没有要求的，但是，当他的孩子无意于他所钟爱的文学事业时，他表现出来的是顺应“天运”。“天运”一方面是上天的安排，顺应就是不强求自己，不强行介入、改变这种安排，不给自己的生活造成不必要的压力；另一方面，也是顺应、满足孩子们的天性，满足他们自我成长的要求，给予他们自我成长的权利，让他们能够按本性生活。这种教育观念，对于今天所谓的“内卷”“鸡娃”现象可以说是一个很好的补充。当然，我们也要看到，这种态度是建立在对孩子有期待、陪伴，以及见证其成长的基础上的，而不是不闻不问，任由孩子发展，甚至放任自流。

从后来的事实中我们可以看到，陶渊明的孩子基本上在田园中归隐、在山川间劳作，没有人出去做官，都成了乱世之中的农民。也许有人要问，是不是陶渊明的生活选择让孩子们丧失了选择自己生活的机会呢？这是一个值得讨论的问题。回答这个问题，有一个角度可供参考。我们从陶渊明的诗文中可以看到，陶渊明明确自己的本性，并随性生活，不是一个简单、冲动的举动，而是他走过了一条漫长的道路之后的慎重选则。这条道路上，有认知的曲折，也有实践的曲折。在认知上，他最早是个儒家，说自己“少年罕人事，游好在六经”，他的家庭与主流世风就是这么教育他的。而后进入官场，他才明确了本性终究难移，随性生活才是他想要的。那么在长久的相处中，陶渊明言传身教、孩子们耳濡目染，“寻找本性”定在孩子们的意识之中。如果他的孩子们想出去做官的话，以陶渊明的家世，以陶渊明和时人的交往，不是没有机会的，但陶渊明没有这样做，陶渊明的孩子们也没有选择出仕，不是不能，而是不愿。我们有理由相信，陶俨兄弟几个，大都遵循父亲的生活模式，听从自己的本心，随性过完了自己的一生。他们没有写出父亲作的那种隽永的诗句，但一定过了父亲那样喜悦、淡泊的人生。

二、“守拙归园田”

“羁鸟恋旧林，池鱼思故渊。开荒南野际，守拙归园田。”确认本性后，陶渊明纠正错误的生活方向，告别不合本性的官宦生涯，回归园田。但为什么要在“归园田”前加一个“守拙”呢？在字面意思上，“拙”就是笨，就是不巧，如《老子》中的名句“大巧若拙”，它形容人的时候，既可以指外在的笨，也可以引申为粗糙、质朴，在后来的语用中多用来自谦。联系上下文以及陶渊明辞官归隐的背景，这里的“拙”就是他的自我定义，即不被外在环境改变的、不那么灵活的、不易变动的本性。那么“守拙”的意思，当然就是要捍卫自己的本性，捍卫自己那颗不被外在改变、污染的质朴之心，这是陶渊明留给子孙后代的第二个教益。

守拙，要有对抗的勇气，陶渊明对抗的是什么呢？从那个著名的“不为五斗米折腰”的故事，我们可以看出，陶渊明对抗的是当时黑暗的政治风气。据《晋书》记载，陶渊明在任彭泽县令的时候，有一天他正在休息，突然手下人跑过来告诉他说督邮来了，要他去迎接。督邮这个官职创设于西汉，它主要的职责是面向郡中下辖各县传达太守命令，并考察各县官员的政绩，直接向太守汇报，到了陶渊明所处的东晋，官职的重要性虽略有下降，但督邮依然是太守的眼前人。面对这样的角色，郡中各县的长官都比较惧怕，巴结逢迎，就成了官场常态。因此，很多督邮到各县都是飞扬跋扈，一副小人得志、等人孝敬的样子，这个督邮也是如此。陶渊明一听督邮来了，就要起身迎接。这时，手下人却告诉他必须“束带”出迎。“束带”就是穿好官服，毕恭毕敬地迎接。这句话惹恼了陶渊明，他厉声说：“吾不能为五斗米折腰，拳拳事乡里小人邪！”于是辞官不做，回归园田。这是对抗的勇气，是他在黑暗的行政之风中，敢于表达自己不曲意逢迎、谄媚宵小之辈的耿直与洒脱。这一高迈的气节，也为后世激赏，为他赢得了“靖节先生”谥号。

守拙要有对抗的勇气，而比勇气更难的，是持久的忍耐。

首先，要忍耐贫穷。辞官之后，陶渊明的生活是很困难的，他的主要经济来源是当官时积攒的一些俸禄，还有种地所得。攒的俸禄是只出不进，种地是“草盛豆苗稀”。可以想见，陶渊明要养活一大家子人，往往入不敷出。偶遇灾年，生活则更加困窘。如在元嘉三年（426年），已是暮年的陶渊明写道：“旧谷既没，新谷未登，颇为老农，而值年灾。”他的生活几乎到了绝境，他在诗中写道：“常善粥者心，深念蒙袂非。嗟来何足吝，徒没空自遗。斯滥岂攸志？固穷夙所归。馁也已矣夫，在昔余多师。”这四句诗讨论了不食嗟来之食的典故。他的理性告诉他，那个不食嗟来之食的穷苦人是不对的，白白饿死才是最值得惋惜的事情。但是，他的尊严告诉他，还是要学习这样的人。这种理性与尊严激烈的交锋，恰恰反映了陶渊明当时穷困的境遇与“守拙”的艰难。生活的窘迫没有压垮陶渊明，他最终没有向压力低头，守住了自己的本心。

其次，要忍耐寂寞。陶渊明辞官之后，建设自己的家园，“结庐在人境，而无车马喧”，隔绝世事纷扰的同时，也隔绝了他作为一个大诗人的文化圈子。虽然也有朋友与之往来，如“元嘉三大家”之一的颜延之、高僧慧远等。但是，在更多时候，他都要忍受寂寞。这种寂寞不是无人交往，而是知己难寻。身边那些淳朴的农民，可以和他有很好的交往，教教他种田的技巧，说说桑麻的长势，一起唱唱小调、喝喝农家的浑酒。这种交往可以打发时间，却很难称得上友谊，他们在一起是热闹，却无法消除陶渊明心中真正的寂寞。原因很简单，作为诗人的陶渊明需要有精神交流，这是农家朋友们无法给他的，甚至他的子侄们也无法给他。他在《归园田居（其五）》中写道：

怅恨独策还，崎岖历榛曲。
山涧清且浅，可以濯吾足。
漉我新熟酒，只鸡招近局。
日入室中暗，荆薪代明烛。
欢来苦夕短，已复至天旭。

全诗由“怅恨独策还”开端，写了诗人独自从山中游玩归来，置办酒席，款待邻人的经历。他的这些朋友应该都是左近的农夫，因为诗人招的是“近局”。他们很快乐，玩到了半夜，很快就天明。但是，这种打发时间的热闹场面，只是换来了对于时光易逝的苦恼，并没有消解陶渊明因为无人陪伴而心生的“怅恨”。究其原因，这里有淳朴的农人，但没有“奇文共欣赏，疑义相与析”的精神伴侣。这对隐居的诗人来讲，终究是一个缺憾。而坚持自我，必定是一条孤独的道路，如谢灵运所言：“不惜去人远，但恨莫与同。”没有同路人的归隐，也是陶渊明守拙之路上难耐的苦恼吧。但他坚持了下来，并在远山、近邻、飞鸟、寒菊、欢饮、畅游中找到寄托，这也给了后来人精神上极大的启蒙。

守拙，还要能够抵抗诱惑。在贫穷与寂寞之中，渴望他人的关注与帮助，是人之常情。对于陶渊明这样的名士，想拉拢他以提升自己身份的附庸风雅之人不在少数，檀道济就是其中的一个。檀道济是南朝宋开国名将，也是政治上的野心家。陶渊明晚年时期，檀道济正好做当地刺史。当他得知陶渊明贫病交加的时候，就带着礼物、钱财去看望。看到陶渊明住在不蔽风日的房子里，环堵萧然，檀道济表现出同情。他对陶渊明说："贤者在世，天下无道则隐，有道则至。今子生文明之世，奈何自苦如此？"意思很明确：跟我去做官吧。陶渊明当然明白他的心思，他的回答很简单："潜也何敢望贤，志不及也。"陶渊明以自谦的姿态坚决回绝了檀道济。这种不为名利、富贵所诱惑的决心，让他最终保持了内心的高洁，当然，其中要忍受的辛酸、经历的磨难，也只有他自己知道。

故而我们可以看到，坚守自己的本性，是比发现自己的本性更加难的事情。太多人有智慧、有觉悟，能知道本性所在，却难以坚持，有拙而无守，所谓："靡不有初，鲜克有终。"所以，守拙，是陶渊明给后人更加重要的教育。它让我们知道了勇气与忍耐在人生中的价值，尤其是日常生活中漫长而孤独的忍耐，可能是比一时决断的勇气更加可贵的品质。

三、"当思四海皆兄弟之义"

陶渊明自古以来都是一个清高孤傲的隐士形象，这很容易让人联想到，他或许是一个很自我的人，我们前边讲到他的两点教益——随性与守拙，也多是自我的发现与自我的持守，似乎表现了陶渊明在家庭生活与家庭教育中，更重视自我的感受。这样随性与守拙的教育观念，可以让孩子们遵循自己的性情，自由自在地成长，寻找到自己生命中的快乐，但是也会有隐忧。这种隐忧不是不成才、不成器，而是冷漠。孩子们可能会较强地沉溺于自己的性情、自己的快乐与幸福之中，对周遭的世界，尤其是对周遭的人，没有热情、没有关爱，这应该是陶渊明不愿意看到的。纵观陶渊明的人生与诗歌创作，我们可以知道，他很在乎家人之间的亲情与和睦，并能够推己及人。

陶渊明对待亲人，是很深情的。很多人认为，陶渊明最终辞官不做，除督邮事件伤害到他的自尊之外，还有一个人对他影响颇大，那就是他的妹妹——程氏妹。程氏妹应该是他同父异母的妹妹，年纪与他相差三岁，后来嫁入程姓人家，因此叫作程氏妹。她生母早逝，是由陶渊明的生母抚养长大的，因此兄妹两人的感情很深。后来妹妹嫁人，陶渊明四处为官，兄妹见面的机会就少了，只是偶有书信往来。任彭泽令期间，陶渊明突然得知妹妹去世。亲人在美好的年华突然辞世，给陶渊明极大的打击，他发出了极深的感叹，写下了著名的《祭程氏妹文》，回忆了妹妹的身世、贤德，写下他们的情谊与共同承受母亲（陶渊明的生母）辞世的痛苦经历。最后，以极为痛苦的言辞写道："寻念平昔，触事未远，书疏犹存，遗孤满眼。如何一往，终天不返！寂寂高堂，何时复践？藐藐孤女，曷依曷恃？茕茕游魂，谁主谁祀？奈何程妹，于此永已！死如有知，相见蒿里。"这种生命的无常，助推他最终选择辞官，摆脱世俗罗网，投入温暖明净的田园之中。陶渊明这种对妹妹的情感表达与对人生选择的改变，也会影响到孩子们对待他人、对待生命、对待自我的人生态度。

在《与子俨等疏》中，陶渊明嘱咐孩子们："然汝等虽不同生，当思四海皆兄弟之义。"意思是，你们兄弟几个虽不是一个母亲所生，但应当牢记"四海之内皆兄弟"的道理。他列举了春秋时期鲍叔牙和管仲"分财无猜"、归生和伍举"班荆道旧"的故事，直接道明朋友之间不猜忌、不嫌恶，相知相助，就能化失败为成功，成就功业。"他人尚尔，况同父之人哉"，表达了陶渊明希望孩子们同心而不相弃的心愿。陶渊明不仅教导孩子们兄弟之间要和睦友爱，也教育他们要善待他人。陶渊明在彭泽当县令时，老家的家里只有小孩居住，为此他从彭泽派来一名劳力，帮助儿子料理砍柴挑水之类的杂务，同时给儿子写了一封简短的家书："汝旦夕之费，自给为难。今遣此力，助汝薪水之劳。此亦人子也，可善遇之。""此亦人子也，可善遇之"就是告诉儿子：他也是别人家父母养大的孩子啊，你要好好对待人家。“此亦人子也”是陶渊明“四海之内皆兄弟”思想的又一特征，同陶渊明怀抱的“大同”理想是相通的，他以深情的姿态对待周遭的人、周遭的世界，更加真挚地投入到生活中去。

归隐之后，陶渊明把自己放置在山水田园之中，飞鸟、寒菊、桑麻、麦苗、鸣鸡、走犬、墟里、庭堂都因他而有了诗情的关照，他也身体力行地陪伴孩子，培养他们之间的情谊，以及对世界万物、人生百态的感知。在《归园田居（其四）》中，他写道：

久去山泽游，浪莽林野娱。
试携子侄辈，披榛步荒墟。
徘徊丘垄间，依依昔人居。
井灶有遗处，桑竹残朽株。
借问采薪者，此人皆焉如？
薪者向我言，死没无复余。
一世异朝市，此语真不虚。
人生似幻化，终当归空无。

这首诗写了一次他带着孩子们在山间远足的经历。事件的起因很简单，他自己总是游玩，觉得很尽兴，就想与孩子们一同分享。但他们这次看到的内容却不一样，他们走进了一片“荒墟”。行走间，陶渊明体会到这些荒废的屋舍，在不远的过去也曾经温暖明净，灶台有炊烟袅袅，桑竹有鸣禽啾啾，于是心有触动，他问路过的砍柴人，这些人都哪里去了呢？砍柴人回答说，他们都去世了。陶渊明发出一声感叹：“人生似幻化，终当归空无。”这也是深情于人生、对他人感同身受的生动诠释。孩子们就在他的身边，一定也体会到了游玩的快乐，又从快乐转为疑虑、伤感，从眼前想到过往，由他人想到自己，进而联想到人生，从而完成一次有感而发的人生情感教育。

陶渊明虽没有给孩子们留下什么官衔、财富，但他由己及子、推己及人地为孩子们展示了一条光明、圣洁的人生道路。他教会孩子们随性、守拙的同时，也能够让这种面向自我的生命态度不狭隘、不冷寂，做一个热烈而充盈的人。

随性、守拙，“四海皆兄弟”的“大同”思想，是陶渊明留给家人及后人的教育理念。他在东晋转南朝宋的乱世能够觉悟本性、坚守本性地生活，已经为太多后来人提供了人生的榜样。后来人在他的身上学到了向内寻求人生价值，树立自我道德规范的人生方向。同时，他又能够与子相伴、与子分享自己人生的经验，做孩子成长的陪伴者与见证人，把自己对本性的感悟、对自我的坚守融入对孩子的教育中，面对孩子的不足，不勉强、不为难，以一种乐天的态度面对孩子的成长，并尊重从他们的本性中生发出来的人生选择与人生喜悦。他于乱世隐身田园，但他不是单纯退而避世，于现实人情的冷漠中求自保，而是用自己的感受、文字、选择告诉自己的孩子，面对大千世界，面对人事沧桑，要有一颗善感之心，以深情的姿态，过自己想要的生活，虽有悲伤、困苦，但也有充盈的喜悦。

我们今天的人，享有科技的便利，同时也被科技发展带入了一个更加机械的、身不由己的生活节奏中，时常感到被世界裹挟。此时，陶渊明的为人、陶渊明对子侄的教育，就显得尤为重要。他能够给我们提供一种平淡的内心确认的力量，蕴猛志于平常，在平常中觉悟本性、坚守本心，乐天而深情地投入到自己想要度过的生活中，收获属于自己的充盈、喜悦。

第九章

颜之推：勉学立身，中道齐家

人生小幼，精神专利，长成已后，思虑散逸，固须早教，勿失机也。吾七岁时，诵《灵光殿赋》，至于今日，十年一理，犹不遗忘；二十之外，所诵经书，一月废置，便至荒芜矣。然人有坎壈，失于盛年，犹当晚学，不可自弃。……幼而学者，如日出之光，老而学者，如秉烛夜行，犹贤乎瞑目而无见者也。

——颜之推《勉学》

中国人注重家风之传承，以求在世代承袭中实现自己精神的永恒。将家风书写成文，使之有条理、可传诵，即有“家训”。古代的家训名篇不计其数，然在先秦、汉、晋等时期，训诫后人的文章多以单篇流行，如周成王的《顾命》、诸葛亮的《诫子书》、嵇康的《家诫》等。真正以“家训”为名，撰写为专著，则首推颜之推的《颜氏家训》。宋代大学者陈振孙称此书为“古今家训之祖”。其格式、理念影响了后来一部又一部家训著作。

颜之推，北齐人，官至黄门侍郎。他先后经历萧梁被灭、北齐亡国、北周入隋等重大的政治更迭，感叹自己“一生而三化”，“三为亡国之人”。有些人指责颜之推在乱世但求明哲保身，说《颜氏家训》也多平庸家常之语。但颜之推的孙子是唐朝有名的儒学大师、史学大家颜师古，往后更有名臣、书法家颜真卿，故颜氏之家训、门风不仅不平庸，还得到了贯彻和传承。接下来我们就看看颜之推及其家族的历程，以及《颜氏家训》的精华所在。

一、“伎之易习而可贵者，无过读书也”

古来圣贤，多有劝人学习的篇章传世，如荀子《劝学》即非常有名。《颜氏家训》二十篇，其中最著名者，莫过《勉学》一篇。颜之推的《勉学》有何特色，为何是《颜氏家训》中最重要的呢？

这还要从颜之推本人的经历说起，他是在朝代兴替如翻云覆雨的时代体会到读书学习的重要性以及掌握有效学习方法的。如前所说，颜之推先后经历萧梁、北齐、北周、隋四个朝代，见证了三个政权的覆亡。其一生颠沛流离，可谓那个时代士大夫生存状况的代表。在这种情况下，普通百姓、世家大族，甚至帝王贵胄，都产生了深深的无常和幻灭之感。皇权、秩序、国家，都不是永恒的，而是易灭的。个人的命运，在那个世道如同风中飘零的落叶一般。什么可以成为个体最可靠的依凭呢？士人所服务的国家，可能瞬间就灭亡了；士人所依凭的家族，遇到一场战乱就冲散了。颜之推的家族，也是在各种战乱中七零八散。他在《终制》中为不能归葬父母而内疚道："今虽混一，家道罄穷，何由办此奉营资费？且扬都污毁，无复孑遗，还被下湿，未为得计。自咎自责，贯心刻髓。"

有一定实力的家族尚且如此，更何况其他的普通士人呢？基于这种现实的感受，他在《勉学》中指出："父兄不可常依，乡国不可常保，一旦流离，无人庇荫，当自求诸身耳。"当时有句俗话叫作"积财千万，不如薄伎在身"，这话在当今依然很实用。父兄、宗族，乃至国家，在南北朝时代都无法为个人提供长久的保护，人们只能靠自己——自助者天助。在他那个时代，最重要的"技术"是读书，所谓"伎之易习而可贵者，无过读书也"（《勉学》）。

他的这个见解，不仅仅是来自古人的教诲，更是基于自身的生存经验。颜之推的父亲是有名的学者颜勰，家学深厚。但不幸的是颜之推少年时就遭父丧，从此受兄长颜之仪教养。由于才思敏捷、博学多识，颜之推为萧梁朝廷所注意。当时南方的宋、齐、梁、陈四朝，多以为正朔在己，故重视文化。大概而言，刘宋比较重视文章，萧梁则经学、文学并重。梁武帝萧衍及其儿子如太子萧统、梁简文帝萧纲、梁元帝萧绎，皆尚文学，并崇儒学、褒佛教、好玄学。他们不仅奖励读书的人才，还自己要做老师，不厌其烦地讲给大臣听，大臣听讲完毕还要写感悟。梁大同八年（542年），时为湘东王的萧绎在江州讲授《庄子》《老子》，颜之推当时约十二岁，也被选中去听讲。虽然颜之推不喜虚谈，又研习《周礼》《左传》，但当时的萧绎对这位博学的少年是极其赏识的。

然而好景不长，梁武帝晚年爆发了侯景之乱，这是南朝政治、社会、文化的一次大动荡和清洗。在这次大动荡中，梁武帝饿死，梁简文帝被杀。颜之推一度被侯景俘虏，赖一些大臣的保举才没被杀害，这或许也与其擅长文学有关。萧绎即位后，平定侯景之乱，颜之推被封为散骑侍郎，奉命校书。但萧绎的政权也未能长久。萧绎为王时，镇守江陵（今荆州），侯景之乱中在江陵称帝。曾经有大臣劝萧绎回建康定都，但他拒绝了。江陵是四战之地，作为一个劫后余生的政权，萧绎的梁朝与西魏发生冲突，很快被西魏所灭。当时江陵所受战祸也很严重。颜之推也是在这时被俘虏到西魏的，但因其名气，被西魏大将军李显庆举荐，掌管其兄阳平公李远的书翰（类似于今天的撰稿秘书）。在西魏待了两年后，颜之推想南归。他带家人乘船想先借道北齐，当时河水暴涨，颜之推仍然坚决地投往北齐。北齐的高洋见到他后很是喜欢。过了一年，梁朝的最后一个政权南梁灭亡，陈朝建立，颜之推遂放弃了南归的念头，专心在北齐生活。

颜之推聪颖机敏，读书博，学问渊深。从他前面的仕宦履历我们亦可以看到，他常常担任掌管文书之类的官职，官府文诰、书信出于其手者，必是斐然成章。北齐朝廷也特别看重颜之推这一点。当时的左仆射祖珽让颜之推掌理馆事，判署文书，又采纳颜之推建议而奏立文林馆。北齐后主高纬有文字需要，就让宦官传旨到文林馆。颜之推上奏的文章，都是他亲自封署，在进贤门进献，得报后才归。

在颜之推生活的时代，世家大族的文化日趋浮夸堕落。《勉学》记载，梁朝全盛时，梁武帝大力推行学术和文章，当时流行一句话叫做“上车不落则著作，体中何如则秘书”，意思是只要是不会从车上掉下来的小孩就可以当著作郎，只要能在信中写几句问候的话就可以当秘书郎。但那些世族子弟却整日游手好闲，颟顸度日，天天讲究吃穿用度、涂脂抹粉，又假装飘逸潇洒，在那里混日子。考试需要背诵经书，宴会需要写文章赋诗，这些人哪能应付得了，于是只得雇人来写。等到梁朝覆亡，这些人既失去了在旧王朝的地位，又没有什么本事在新的王朝得到任用，只能穷困落魄，甚至被世人所遗弃。颜之推总结道：“若能常保数百卷书，千载终不为小人也。”

然而讽刺的是，颜之推曾经效忠过的梁元帝，在江陵被围时，却一反往日嗜书之态，忽然转向“读书无用”的立场，将图书十四万卷付之一炬。这是中国文化史上的重大损失，许多人甚至将此与秦始皇焚书的损失并提。至于焚书的原因，梁元帝说：读书万卷，还是混到了今天亡国的地步！梁元帝的失败及其焚书，肯定让颜之推产生了不少震撼。其实不独梁元帝对读书的功效产生了怀疑，不少士大夫对读书的作用也是有疑问的。在那个风雨飘摇的时代，持有权力、武力和金钱尚自顾不暇，政权一朝覆亡，读书又有什么用呢？有人就反问颜之推：人家学习弓马武艺，能罚罪安民，有的甚至封候拜将；人家学习法律文书的，富国救时，成为达官显贵。可看那些只会读书的人，虽然学富五车、通晓古今，却仍然穷困潦倒，让老婆孩子饿肚子。颜之推则指出：一个人将来的穷达，还要看世运和机会。但在同等条件下，显然肯学习、善读书的人能够走得更远、升得更高。

更关键的是，读书不可死读，而是要活读。有效的读书，是读完要有切身的体会，增加自己的德性和智慧，同时能把书上的知识应用到现实生活中去。然而有一类人，读书就只是为了显示自己的博学而已。在稍前的南齐，有个大学者陆澄，记忆力惊人，读书也非常广博。史载他“行坐眠食，手不释卷”。当时掌尚书省的王俭，也博闻多识，自认为比陆澄博学。陆澄说：您从年轻时就官事缠身，虽然记忆力好，但读书没我多啊。王俭召集学士何宪等人辩论问题，陆澄等王俭说完，就举出了王俭所遗漏的材料百十条，都是王俭没有看过的。但陆澄只管记诵，不太认真理解，还没有一个中心想法。他读了三年《周易》也没弄明白其中的大义，想撰写《宋书》也没成功。王俭讥笑他说：陆澄先生嘛，他就是个书橱。这就是后来“两脚书橱”一语的由来。梁元帝也是如此，他藏书、读书虽多，但往往是为了炫耀文才。可作为一个皇帝，读书难道不是为了习得诚意修身、治国安民之道，通晓古今兴亡之理吗？如果梁元帝真的认真读了《尚书》《史记》《汉书》中那些兴亡之理，通晓了亡国之君所以亡、明君之所以治，还会导致覆败之局吗？《勉学》还举当时河北的俗话说：“博士买驴，书券三纸，未有驴字。”读书读到此地步，也是令人啼笑皆非了。这样的读书，当然无法处世得当、传承家风了。

二、“父母威严而有慈，则子女畏慎而生孝矣”

中国古代基本的伦理结构有五伦：君臣、父子、夫妇、兄弟、朋友。关乎家庭的是父子、夫妇、兄弟。人类产生之后，男性与女性结合为夫妇，而后有了人类的繁衍，产生了父母和子女的关系；一对父母所生的诸多孩子之间，又形成了兄弟关系。人类社会更复杂的组织，都是以此“三亲”（父子、夫妇、兄弟）为基础构成的。是故颜之推在《颜氏家训》中专门分篇论述三种关系，即教子、兄弟、后娶三篇。

家族是有纵横结构的。横向来说，有“九族”的扩展，包括兄弟姐妹、妻子之族等关系。纵向来说，则是父母子女的世代延续。就中国家族关系而言，纵向关系无疑更为重要；而横向的关系也恰恰是以纵向轴为基础展开的。比如九族，是以高祖至玄孙的九代人之繁衍所展开的族群。纵向关系也就是世代之接替，在中国传统家族中具有最核心的地位。对重视此世的中华文明来说，世代之延续，也是家族接近永恒的关键方案之一。《诗经》说“宜尔子孙，绳绳兮”，就表达了对世代不绝的美好期许。纵向结构是家族的核心，而父母与子女的关系，又是这个纵向结构的核心。在传统社会中，父母与子女的关系被归结为“父子”。由此可见，子女的教育问题实为家风核心中之核心。

关于教子，古来不少家训家诫都提到过，而颜之推又有哪些独到见解呢？《颜氏家训》中的《教子》篇主要突出了三个方面：一是教育要趁早，二是不能有爱无教，三是不可偏爱。

“少成若天性，习惯如自然。”古人早就认识到早教的重要性。特别是对于帝王的德性养成，古人强调要选择德性端方的保姆和师傅加以辅导。颜之推则从人性论的角度更深入地讲解这个问题。人类除了极少数的上知和下愚之人不容易被改变，其他的多是“中人”。中人之所以在后天有善恶和贤能愚蠢的区别，主要是因为所受教育不同。人可以通过教育来形成自己的秉性，而最初成长环境的教育尤其重要。如果刚开始对孩子比较放纵，等他们长大了再管教，即便处以刑罚，也未必能改变过来。

有爱无教，则是子女教育中的另一个大问题。只知溺爱，与只知惩罚，是教育中的两极，但又有一个共同点，那就是“教”的缺失。在颜之推的时代，世族天生就有比较高的地位，相对于科举社会必须通过严格的考试才能出仕，那时的世族子弟到了一定年龄，就可以被举荐获得一定职位。所以那时虽有些真正不累于俗务的清高人物，但更多的是浪荡浮夸的顽劣之徒。而少时过于被宠爱，缺乏教育，正是造成此现象的原因之一。晋惠帝司马衷就是一个例子。有一年闹灾荒，老百姓没饭吃，到处都有饿死的人。官员们把情况报告给司马衷，司马衷却说：“何不食肉糜？”虽说司马衷可能有先天的智力缺陷，但教育的缺失是导致他说出此等话语很重要的原因之一。在颜之推看来，最初的严格教育是非常必要的。给年幼的子女树立规矩，是避免他们将来犯更大的、不可挽回的错误。《易传》的噬嗑卦专门讲惩罚罪过，其初九爻说，套在脚上的刑具遮没了脚趾，无咎。其上九爻则说，套在罪犯脖子上的刑具遮没了耳朵，凶。一种解读是认为小人觉得自己小的过错没什么，最后犯了大过，已经来不及挽回，即所谓“一失足成千古恨，再回头已百年身”。然而从子女教育的角度来说，初九爻就象征了在人之初的时候，给他树立一个严格的规范，如果犯了小错稍加惩罚，以后就没有灾咎；如果不闻不问，一味溺爱，等到了酿成大错，已悔之晚矣。浪子回头，难之又难。《易传》大畜卦的六四爻又说，给小牛犊的角戴上横木，不要让他乱撞，元吉，也是这个道理。《教子》举了一个例子，梁元帝在位时有一个学士，小时候非常聪慧，他的父亲非常宠溺他，不加管束，教育不得要领。儿子一旦有一点进步或优点，就天天讲、到处讲，恨不得全天下人都知道；儿子有了缺点，就不惜一切去掩盖。孩子长大做了学士，恃才傲物，越发暴戾恣睢。因为言语过分，得罪人太多，最后竟然被周逖抽肠而戮死。周逖固然是暴戾武夫，但这位学士并非死于大义，而是死于自己的暴躁傲慢。为人父母者，当于此吸取教训。

不过颜之推有一点或许与现代教育理念不同，那就是对惩罚的运用问题。颜之推主张适当地对幼年、少年时期的子女严加约束，包括给予一些身体上的惩罚。现代教育理念则强调“正面管教”。从现代心理学的角度来看，幼儿在不同的发育阶段有不同的特点，有三个阶段的叛逆期：一是2—3岁的宝宝叛逆期，二是7—9岁的儿童叛逆期，三是15岁前后的青春叛逆期。在这些阶段内，仅靠责备或打骂，是不能奏效的，甚至适得其反。家长需要站在孩子的立场上，共情地去理解其想法，并且针对其年龄特点来进行有效的应对。据此而言，传统的教育方式不免会受到现代教育学的批评。但一味地共情，是否就是健康而有效的呢？这也是现代教育需要反思的问题。设想一个情境，如果一个五六岁的小朋友忽然挣开家长的手冲向红灯——这并不是罕见的情境，家长的第一反应当然是快速追上并抓住孩子，如果跑得远，当然得先呵斥住，再进行共情的教育引导。颜之推的比喻是，如果一个人犯了病，需要一些药物去治疗，药物对人体或许是有害的，但比之疾病的危害，当然还是先考虑治好病再谈其他。

现代社会追求自由和平等，这是没有疑问的。但在未成年人教育上，是无法做到完全平等的。我们可以谈家长与子女在人格上的平等，家长要从根本上认识到子女是完全独立的个体，有自己独立的人格。但人格的形成具有一个塑造过程，父母、老师处于一个引导性的地位，而非绝对平等。如果绝对平等，那么人类的心智只能集体停留在幼儿阶段。父母与子女之间，不能仅仅“做朋友”。父子与朋友，在古代是两种伦类，如果过度强调父母与子女是朋友，则有“不伦不类”之嫌。《颜氏家训》的《教子》即强调父子不可过于亲昵，所谓：“父子之严，不可以狎；骨肉之爱，不可以简。”

在传统社会，子女教育的另一个重要问题是不可偏爱。近三十年，社会上多是独生子女家庭，但就历史上绝大多数时间而言，一个家庭是有许多子女的。在颜之推的时代，家族尤为重要。那么此时，对子女的平等对待、不偏爱，则是让子女健康成长，同时保持家族稳定和睦的关键措施。古诗有言：“鸤鸠在桑，其子七兮。淑人君子，其仪一兮。”古人认为，布谷鸟是一种非常公平的鸟，譬如它有七个雏鸟，早晨喂养它们的时候从左到右，晚上则又从右到左，以示公平。当然，在传统社会，所谓的公平，并非完全平等地对待，而是按照礼法的要求，给子女符合其各自“位分”的爱。嫡长子是传统家族的核心，具有最高的地位，而传统家族里最容易犯的错误是打压嫡长子，宠爱幼子。这对长子与幼子皆不是好事。颜之推举了他所仕宦过的北齐为例。北齐的武成帝高湛及其皇后，非常宠溺自己的小儿子高俨。当时的太子是后来的后主高纬，而高俨的吃穿用度、饮食起居与太子一模一样。高湛还每每当着太子和群臣的面夸奖高俨说：这孩子很聪明，将来会有大成就。高俨十几岁的时候，就非常骄纵顽劣。高纬当了皇帝，高俨也不知道收敛，觉得自己得到的应该和哥哥一样多。看到给皇帝进献的新冰、早李，就愤愤地说：兄长有了，我为什么没有？大家肯定由此联想到春秋时期的共叔段，他骄奢淫逸，最后被郑伯灭掉。高俨也是这样，他看不惯当时的丞相、录尚书事和士开，竟然假托诏令在南台将之杀死，还杀了领军大将军库狄伏连等人。于是高纬将琅邪王高俨处死，他当时只有十四岁。这显然是幼年没受到较好的礼法教导，被宠溺得认为世界都是由他决定，从而产生了严重的认知和行为偏差。

颜之推说：“父母威严而有慈，则子女畏慎而生孝矣。”此句可视为家庭教育之总纲。威严并不是虐待或强迫子女，而“慈”亦并非溺爱。威严而有慈，对子女多方引导，使之成为一个合格的社会人，乃是古今家庭教育之通理。此亦是教子、治家的中庸之道。

三、家族之兴，在于恪守风操仪节

《颜氏家训》有《风操》一篇，也为后世津津乐道。我们今天常称“家风”，此“风”即风操之风。“风”的概念极富中国特色。《诗经》里面表现一个地方习俗、民情的诗歌被称作“国风”。庄子说：“大块噫气，其名为风。”风是气的流动，而为人或物所感知。春风一吹，千树万树桃花开；秋风一来，草木摇落而变衰。大自然不同类型的气动称为风，以此取象，每个地区或群体不同的类型，为他人他物所感知者，也称作风。一个地区或一个家族，总会表现出一种稳定的、有标识性的行为规范和做事方法。是故国有国风，家有家风。

家风既然是一个家族的行为规范、做事方法，也就表现为这个家族的礼法。颜之推说：“吾观《礼经》，圣人之教：箕帚匕箸，咳唾唯诺，执烛沃盥，皆有节文。”意思是，日常生活中的洒扫洗漱、饮食起居、居处坐卧，都应该有一定的规范。颜之推讲的确实是古代的事实。《礼记》第一篇为《曲礼》，主要讲的就是家族中的具体仪节。

《颜氏家训》的《风操》篇主要讲了两个类型的仪节，一是避讳，一是丧事和接待宾客。那些具体的仪节在当代都不太常见了，因而我们读起来或许会觉得琐碎无聊。但现代人有现代人所讲究的地方，古代人有古代人所讲究的地方，内容或许不一样，规范仍然在。避讳、洒扫应对等看上去是微不足道的小事，但这些行为规范、做事方法会形成风操，对一个家族是否稳定及延续是十分重要的。

“风”是流动的，从一个空间到另一个空间；“操”有把持某物、某事在原地（原空间）不动的意思。如此则风、操二物看似矛盾，其实不然，风、操还具有时间属性。风是气在时间中从上一刻流传到下一刻，操则强调其不变的一面。气在时间中流动还能保持自身，就如一个家族祖辈所形成的好的做法、规范，在空间上弥散，为全族人共同奉行；又在时间上延续，为后辈所效法。这样的家族，才能不断繁衍、壮大而稳定。家族的繁荣稳定，在汉魏两晋南北朝是非常重要的。特别是在南北朝时期，政权不断更迭，帝王替换如走马，当时的个体无法指望政府的庇护，更多地需要依靠宗族。有些大族能熬过好几个政权，在流寇、异族军队等打击之下仍能屹立，甚至一度濒临覆灭却又重建，皆与风操的保持有关。

颜之推关于立身、勉学、教子等家风家训构成了颜氏家族之风操，而家族成员对风操仪节的恪守、传承是子孙中代有才人的直接原因。颜之推有三个儿子——颜思鲁、颜愍楚、颜游秦，再下一代有四个孙子——颜师古、颜相时、颜勤礼、颜育德，都有文才。其中又尤以颜师古为最。颜师古能成为大学问家，与颜之推树立的勉学门风和文章的义法传承是分不开的。

颜师古幼年即传家业，遵循祖训，博览群书。他办事机敏，谙熟国家政事，诏令一概出自他手，所写册奏无人能及。前文已提及，颜之推也恰恰是因擅长草拟诏书而周转于梁、北齐、周、隋之间。与颜之推相比，颜师古的最大贡献倒不是在文章，而是其经学和史学造诣，是青出于蓝而胜于蓝的典型。李世民即位后，颜师古被擢为中书侍郎。唐太宗“以经籍去圣久远，文字讹谬”，诏令颜师古于秘书省考定“五经”，颜师古多所厘正。修成以后，太宗诏诸儒详细讨论考核，诸儒各守门户，纷纷对颜师古发起指摘反驳，颜师古依据晋、宋以来古今传本，对诘问一一答复，解答中援引证据简赅透彻，才情溢于言表，令诸儒无不折服。颜师古所修五经成为“定本”，科举考试即以此为准，后来孔颖达奉旨修《五经正义》亦犹参考颜师古所定。

除了经学造诣，颜师古最有名的著作，莫过于《汉书注》。《汉书》是东汉史学大家班固所撰写的不朽史书，也是历代史书中最难读者，其地位几同于经书，魏晋南北朝无数学者为其作注。颜师古家有《汉书》学的传承，颜之推精熟《汉书》，其《颜氏家训·勉学》还记载了这样一个故事：东莞人臧逢世，年纪二十多岁，酷爱读书，却因家贫只能借阅。他想读《汉书》，苦于借阅时间不长，于是向姐夫要了客人名片和平日书信的纸尾，用这些纸手抄了一本，当地将帅的幕府都佩服他的志向，后来他终于以研读《汉书》出了大名。

唐贞观十一年（637年），颜师古奉太子李承乾之命注《汉书》。此前有二十多家注释，水平参差不齐，颜师古在综合诸家之长基础上，以呈现《汉书》之本来面貌为主，删汰那些自作主张的注释，订讹文、正音读，揭出典故，释其滞碍，从此成为《汉书》之最有名注释，流传千古。对于后世读书人而言，《汉书》之有颜师古注，犹如“三礼”之有郑玄注。

《旧唐书》称赞颜师古“家籍儒风，该博经义，至于详注史策，探测典礼，清明在躬，天有才格”，亦是十分敏锐地意识到颜师古的成就与其家风之间的关系。颜师古后五世，有颜真卿、颜杲卿，他们不但以书法闻名，更是慷慨耿介之臣。据此而言，《颜氏家训》之教，功效卓然。

第十章

李世民：非威德无以致远

夫人者国之先，国者君之本。人主之体，如山岳焉，高峻而不动；如日月焉，贞明而普照。兆庶之所瞻仰，天下之所归往。宽大其志，足以兼包；平正其心，足以制断。非威德无以致远，非慈厚无以怀人。抚九族以仁，接大臣以礼。奉先思孝，处位思恭。倾己勤劳，以行德义，此乃君之体也。

——李世民《帝范》

唐太宗李世民是我国历史上著名的皇帝，他执政期间，选贤任能、从谏如流，文治武功都达到了很高的程度，为国民开辟了一个难得的太平盛世，史称贞观之治。

李世民生于599年，成长在隋炀帝时期。在唐王朝的建立过程中立下赫赫战功。天下初定，北方的突厥人又屡次来犯，唐王朝的统治岌岌可危。当突厥王颉利可汗率领大军兵临城下之时，李世民亲自带着房玄龄、高士廉等六位大臣策马渭水之畔，与突厥大军对峙。这一惊世骇俗的举动震撼了颉利可汗，最终和李世民结下了渭水之盟。李世民在武功方面能够安邦定国，在文治方面也多有建树。他继承并进一步把科举制度发扬光大，大倡尊文重教之风。一时间，贤达之才毕集朝堂，国家政事欣欣向荣，李世民本人也被各族人民尊称为“天可汗”。

但是，就是这样一个在军事、政治、文化上都颇有建树的君主，在立储君的问题上却吃尽了苦头。李世民根据长幼有序的礼法，先立自己的长子李承乾为太子。李承乾少年聪明，非常讨李世民的欢心，但是长大后却沉迷酒色、意志消沉，终于被废。李世民非常痛心，他深深懂得，一个帝王的德行对国家的重要性。有了长子惨痛的教训，李世民更加注重对自己子女的教育，力求让他们成为合格的江山继承者、百姓守护人。谢世前一年，他亲笔写下长文《帝范》来教导子弟，以此形成了一整套独特的帝王家风。

一、“倾己勤劳，以行德义”

李世民亲笔为太子李治写下长文《帝范》，一年之后，他便与世长辞。文中李世民向儿子陈述君王之道，开篇就讲到君王的统御之道，他认为君主的统御之道最重要的不是权势、武功，更不是外在的仪仗，而是个人的品德，所谓“倾己勤劳，以行德义，此乃君之体也”。所以，在李世民的理解里，一个好君王，一定要重德，他的子孙想要做一个优秀的君王，首先就是要做一个有德的人。

在中国的古代帝王术中，父授子业之时，有人教儿子阴谋，有人教儿子权术，有人教儿子识人，为什么李世民教儿子要把道德放在君王统御之道最核心的位置呢？这要从李世民的经历说起。

李世民经历了隋王朝几十年间的治乱兴衰，他眼睁睁看着隋的天下从文帝到炀帝，从盛极一时转为四分五裂，进而江山易手。李世民对此进行了反思，隋炀帝杨广不论是在政治抱负方面还是在文采词章方面，都是一个很有能力的人。他远征漠北、修大运河，无一不是千秋大业。但是，为什么隋王朝会在这样一个很有能力的人手中瓦解崩溃呢？李世民的结论是杨广无德。隋炀帝做事，多为了一己私欲，从不考虑百姓的承受能力，所以，他的政治抱负越大，给天下造成的伤害也就越大。这样的君主就是只有私欲而没有公德，故而丢了天下。而李世民为什么能够取得政权呢？原因就是他心中有天下，心中有德。这一点，从他和父亲李渊的故事中便可以看出。

隋朝末年，李世民看到隋炀帝不得民心，于是就劝说李渊起兵反隋。但起兵之初非常不顺利，天总是下雨，军粮供应不足，士兵的气势也就越来越弱。这个时候，李渊就想放弃了：争什么天下，还不如回兵太原，做个土皇帝，不是照样安享富贵？得知这个消息之后，李世民苦苦劝说，让父亲以天下苍生为重，千万不能退却。但是李渊不听，执意退兵回太原。当军队开拔之时，李世民在军门大哭，李渊及三军震动。李渊就问儿子：你为什么这么悲伤啊，我们就是回到太原，依然是兵权在手、锦衣玉食啊！李世民说：我们举义兵，是为了拯救天下的苍生，应该直入咸阳号令天下，现在要回去困守一城，那和盗贼有什么区别呢？如果现在退兵，我们的军队也就知道，我们都是些重利轻义的人，必定自乱阵脚，到时候敌军大兵压境，离失败也就不远了。李世民的一番话终于说动了李渊，于是李渊兵发咸阳，这才有了成就唐朝伟业的基础。从中可以看出，李世民是心怀天下的，这对于一个君主来讲，就是有德。

后来，李世民不管是用兵还是为政，都是以德为先。他手下的将领、大臣，之所以会效忠于他，很大程度上也是因为钦佩他的人品。比如，当时的瓦岗寨名将秦琼、程知节，敌对方的将领尉迟敬德，还有曾经属于李建成阵营的名臣魏徵，都被他的德行打动，对他忠心耿耿。在李世民还没做皇帝的时候，奸雄李密一见他就感叹“真英主也”，甚至不敢仰望。这样的威仪，一定不是靠武力震慑或者金钱收买而得来的。那么靠什么呢？就像李世民自己说的，“非威德无以致远，非慈厚无以怀人”，令人叹服、让人效忠，在乱世当中最有号召力的君主，一定是有德者。

故而，李世民在给继任者李治的教诲中，第一条就是要重德。这也成为李氏一门家风中的第一条训诫。李世民不止一次强调：“人之立身，所贵者惟在德行，何必要论荣贵。”后来，李唐王朝经历的安史之乱，也印证了李世民训诫的正确性。唐玄宗李隆基，年轻的时候是一个非常注重自己品德的皇帝，勤政爱民，创造了开元盛世。但到了晚年，他贪图个人的享乐，甚至为了满足肉欲，设立一个官职叫“花鸟使”，专门为他去各地物色美女。这样一个失德的君主，自然也从开元盛世明君的圣坛上跌落下来，成了安史之乱的罪魁祸首，也导致了大唐王朝由盛转衰，最终走向灭亡。

所以，在君主专制时代，一个国家的治乱兴衰往往系于皇帝一人身上。皇帝重德，国家安泰，天下归心；皇帝失德，江山易手，家国败亡。李世民一生历尽罹乱，看透治乱兴衰之道，才把“重德”两字看得如此之重，把它当作一个好皇帝的基础，当作家风训诫的第一条。

二、尊师之道，如尊己父

皇帝分为两种，一种是开国皇帝，一种是继位皇帝。李世民自然是前一种。虽然唐朝的第一位皇帝是李渊，但熟读历史的人都知道，在唐王朝的建立过程中，起到决定性作用的人是李世民。民间也有“子打江山父坐殿”的说法。也正因如此，玄武门之变后，李世民才能够顺利地继承皇位。开国皇帝往往是天赋异禀的人，德行、武功、智谋，甚至运气都比常人要好。但是继承者们就不一样了。皇帝对于他们来讲就是个职业，如何获得起码的职业修养、职业技能？没有别的方法，只有学习。为了唐王朝的长治久安，李世民非常注重对皇子们的教育。于是，李世民在对后代的训诫中，特别强调两个字：尊师。“尊师”，是李世民家风中仅次于“重德”的一条训诫。

李世民给自己的儿子们都聘请了当时最著名的学者、贤臣作为老师。其中，太子李承乾的老师就是隋唐两朝的名臣李纲。

这个李纲本是隋朝的名臣，以刚直不阿、敢于进谏著称。在隋朝的时候，他就做过太子杨勇的老师。杨勇不争气，终日沉迷于酒色，最后被隋文帝给废了。废太子的时候，隋文帝大骂杨勇，东宫中鸦雀无声，这时李纲站了出来，说：陛下平常不教育太子，所以才到了今天这种地步，太子的天资跟普通人无异，如果让贤良的人辅佐，他就能从善，如果让不善之人诱导，他就会向恶，为什么只责骂太子一个人的罪过呢？隋文帝听完非常后悔，也更看重李纲了。当时李纲就是太子杨勇的老师，他为什么还说隋文帝不重视教育呢？老师教不好太子，责任在谁呢？隋文帝明白，后来的李世民更明白，最大的责任在皇帝。原因很简单，在等级制度森严的皇权时代，这些皇子们的身份都比老师高贵，权力都比老师大，以下教上，谈何容易？所以，李世民很清楚，要让皇子们受到良好的教育，一方面是请到好老师，这一点对于皇帝来讲太简单了，第二方面比较难，也更重要，就是教育的有效性。如何让皇子能够受到最有效的教育，最关键还是要让皇子们尊重他们的老师。李世民正是有感于此，才特别在对子孙的训诫中强调尊师的重要性。

据传，李纲到了晚年的时候身体不好，患有足疾，有时路都走不了。但每天给太子的讲课不能耽误啊，怎么办？李世民下令，可以让李纲乘坐轿子出入皇宫。在皇权时代这就是臣子最高的殊荣了。不仅如此，李世民每每上朝，都是让李纲坐在自己身边，让皇子们看到自己对李纲敬待有加，对儿子李承乾也是这么要求。李纲每次乘着轿子去太子东宫，太子李承乾都会早早地等在宫门前，看到老师的轿子来了，必然降阶相迎，小心翼翼地搀扶着老师走进课堂，毕恭毕敬地听从讲授。

其实，李世民强调尊重老师，不只是针对太子一人，他对每一个儿子都是这么要求的。他的第四个儿子是魏王李泰，是李世民与长孙皇后的第二个儿子，传说长相酷似李世民，而且自幼聪敏、才智出群，尤其爱好书法。李世民本身就是个书法皇帝，还曾拜欧阳询等人为师以精研书法，所以李世民对这个儿子也特别地宠爱。后来，李世民延聘名臣王珪做魏王的老师。王珪这个人为人耿直、严厉，而魏王李泰呢，资质颇高，又深得圣宠，难免轻狂，于是师生二人就常常产生矛盾，李泰对王珪态度轻慢，甚至出现不尊重的行为。李世民得知后，就把李泰叫到身边训斥。李泰知道自己错了，就问李世民：我应该以什么样的方式对待老师才合适呢？李世民回答：就像你对待我一样。之后，李泰便对王珪礼遇有加了。

这两件事情证明，李世民对于李家子弟的教育是非常看重的，要求李家子弟尊师重教。“尊师”也成为李世民家风中特别重要的一条训诫，流传后世。

三、“水能载舟，亦能覆舟”

“盈”是自满，是权力或者地位带来的自我膨胀、自我迷失。在君主专制之下，皇帝是天下最易“盈”的那个人。所有人都要仰视他，所有人都要匍匐在他的脚下，这样的尊荣，极易造就皇帝们精神上的“盈”，进而骄奢妄为，给天下百姓甚至给国家带来灾难。

开国的君主多从战争中走过来，知道礼贤下士的重要性，知道民众的力量，懂得谦卑和敬畏。但是继承者们的情况就不一样了。这些皇子皇孙，生于深宫之中，锦衣玉食的物质满足和权力优越感，很快就会让他们忘掉先祖们创业之艰难，这就带来了“盈”的危险。李世民结合自己的经验和前朝的事例，对这一点定是深有体会。

隋炀帝杨广，这个人论才华和政治抱负，都是很出众的，但是隋朝就在他的手里灭亡了。李世民知道，隋朝灭亡的主要原因是杨广的无德，而无德的原因就是杨广的“盈”，因“盈”而骄奢妄为。杨广这个人，主观地认为自己至高无上，认为天下就是皇帝的天下，以万民之膏脂奉一己之欢心都是理所当然的。他征调民夫挖大运河、攻打高丽等，都让民众苦不堪言。月满则亏，水满则溢，一旦自己的骄奢妄为超过了限度，后果往往就不堪设想了。李世民亲眼看到杨广从不可一世到身首异处，那教训可是血淋淋的。而且，李世民熟读历史，他看到过太多君王因为骄奢妄为致使国家丧乱的惨剧，最让他忧心的是，这样的故事总是重复上演。从周幽王的烽火戏诸侯到汉武帝的穷兵黩武，从晋惠文帝的奢靡无度到隋炀帝的一意孤行，每一次天下动荡，无不带有帝王骄奢妄为的影子。帝王一旦“盈溢”，国家很快就会走向灭亡。鉴于此，李世民向自己的子孙提出“戒盈”的训诫，就是要让子孙们知道，虽然自己贵为天子，但不可以无法无天、肆意妄为。那种无度的骄横自满，最后的结果一定是身死国灭。

李世民在一生当中的大多时候，可以说是一个非常懂得谦卑和敬畏的人。比如，有一次李世民搞征文大赛，让朝中的大臣每人写一篇文章，议论朝政。评比结果一出来，所有人大跌眼镜。第一名居然是个武将，他叫常何。这个人在玄武门之变中帮了李世民的大忙，李世民很器重他，但李世民也知道他只是粗识文墨，绝写不出这样的好文章。于是李世民就问他：这文章是怎么写出来的？常何也不隐瞒，告诉李世民这文章是他的一位门客写的，这位门客名叫马周。李世民得知常何府中还藏着这么一位大才，赶紧派人去请。过了不久，李世民派去的使者一个人回来了，马周拒绝了君主的征辟，这在君主专制体制之下是很少见的。李世民这才知道，马周这个人才华横溢，但是傲岸不羁。李世民非但没有生气，还再次派人去请，一直派到第四名使者，马周这才来了。李世民极为欣喜，他与马周交谈政务，深受启发，即刻授以官职，并在魏徵去世之后，让马周接替了魏徵的位置。从这里可以知道，李世民并不因自己身份的尊贵而骄横，反而能礼贤下士，这就是一个帝王的“戒盈”。

李世民“戒盈”的另一个表现就是时时对天下的百姓心存敬畏。他还把这种敬畏传递给自己后代，让他们也能心存敬畏，懂得“戒盈”之道。一次，李世民看到太子李治正在划船，就把他叫了过来。李世民问：你知道这舟的道理吗？李治说不知道。李世民就教导他说：“舟所以比人君，水所以比黎庶，水能载舟，亦能覆舟。尔方为人主，可不畏惧！”“水能载舟，亦能覆舟”，是李世民无时无刻不记在心上的对后代子孙的教育。这段话就是要让子孙懂得“戒盈”的道理，心存畏惧之心，才能做一个好皇帝。而在李世民的身体力行之下，“戒盈”一条，也成了李家的家风，作为帝王这一特殊身份者应该秉承的道德修养，流传后世，这也为大唐王朝的盛世基业打下了良好的基础。

四、“圣世之君，存乎节俭”

李世民身为皇帝，他的子女们自然是锦衣玉食，有条件尽享世间珍馐。但成由勤俭败由奢。普通人的奢俭关乎一户人家的成败，那么，一个皇帝的奢俭，就关乎一个国家的成败。李世民当然懂得其中的厉害。所以李世民对皇家子弟的教育特别强调了一点：尚俭。

尚俭，就是提倡俭朴的生活作风，尽量远离奢靡之风，是一种有益的生活态度。它对于皇家还有别样的意义。李世民曾经在《诫皇属》一文中写道：“每着一衣，则悯蚕妇；每餐一食，则念耕夫。”李世民知道，对于皇帝来讲，尚俭不仅是一种有益的生活态度，还是一种有益的从政品质。一个能够过俭朴生活的皇帝，多半是能够体恤百姓的好皇帝，反之亦然。另外，在君主专制的时代，皇帝坐拥四海，同时也要管理四海、教化四海。皇帝这个角色，不仅是世俗政治的领袖，还是整个国家、整个时代的道德表率。一旦皇帝生活奢侈，下边的官员也会随之奢侈，所谓上梁不正下梁歪，那么整个时代必定奢靡之风盛行。一旦统治阶层奢靡成风，百姓必定就会受苦。所以，提倡俭朴的生活，就是教育皇帝做一个有德行的明君。皇家崇尚俭朴，世风也就崇尚俭朴，国家才有可能把有限的物力集中到重大的事件上去；百姓才能够安泰，国力才能够兴盛。

李世民是这样理解的，是这样说的，那么他自己是怎样做的呢？

据记载，李世民患有哮喘病，在夏秋之际最易发作。贞观二年（628年），正值夏秋之交，这一年季节交替比较明显，暑气未消，秋凉已至，更加大了哮喘病发作的概率。这种情况下，一位大臣给李世民上了一道奏折。奏折上说：皇帝陛下，依照《礼》上的规范，夏末时节是可以修台榭的，为了您的身体，我请求您修一个台榭，以便居住。

平心而论，到了贞观二年这个时候，国家的元气早就从隋末的混乱中恢复过来，不要说修建一座台榭，就是修建一座宫殿，也不是国家负担不起的事，再加上李世民确实有哮喘病，所以，建台榭就变得顺理成章了。那么，李世民是怎么回答的呢？

李世民对奏章的批复是：我在书中读到过，汉文帝曾想要建造一座露台，但是他又想，一座露台的修建要耗费十户普通百姓的财富，他舍不得，于是就放弃了。今天，我自知贤德不及汉文帝，却要花费比汉文帝更大的代价来给自己建房子，这是天下父母的行为吗？

看到皇帝的批复，大臣们认为这是皇帝的推辞，如果大臣再三请求，皇帝一般就会勉为其难地答应了。于是，那个上奏的大臣再三上书，但李世民依旧拒绝了。通过这个故事可以看出，李世民的尚俭，真不是做做样子，而是发自内心的行为准则。

而且正如李世民预料的，皇帝表率天下，一旦皇帝带头尚俭，整个官场也会随风而动。据记载，在贞观年间，大臣们以尚俭为荣。名臣魏徵的家，一开始是没有正堂的，魏徵病重的时候，李世民去探望，大吃一惊。那时，李世民正好要建一座小殿，于是他即刻命令停工，把自己建小殿的材料给魏徵建了一座正堂。无独有偶，户部尚书戴胄于贞观七年（633年）病逝，李世民这才知道，堂堂一国宰相，家中竟然没有可供祭祀的正堂，于是下令为他修了一座庙，既是供人们祭祀之用，又是表彰他的勤俭之德。如若翻开贞观年间的历史，尚俭的事迹可谓俯拾即是。正是在这样的风气下，唐代才能够快速恢复元气，也正是有这样的理解，这样的经历，李世民才对后代提出“尚俭”的训诫：“夫圣世之君，存乎节俭。”他把尚俭提升到治国理政的高度，因为皇帝的一言一行都关系着国家的命运。所以，皇帝的家风是尚俭，时代的风范就是尚俭。李世民的后继者们凡是懂得这一点的，大多能做一个好皇帝。

唐朝经过安史之乱后，国力大减，就在这样的基础上，唐宪宗李纯登上皇位。史传，唐宪宗最喜欢读的书就是《贞观政要》，他怀想贞观年间的大唐盛景，仰慕祖先成就的时候，当然也会接受祖先的训诫，特别遵从“尚俭”的家训，但是他在救济百姓方面却非常大方。据记载，元和四年（809年），南方大旱，他告诫赈灾的官员说：我宫中用一匹绢帛，都要好好记数，但是，唯有周济百姓，那是不用计算费用的，你们要仔细体察我的意思。从这个事件可以看出，李纯是李世民家风中培养出来的好儿孙，把个人的德行和从政的品质结合在一起，皇帝尚俭，百姓就能过得宽裕，百官就能更为用心，国家大势也能因此扭转。在唐宪宗在位时期，可谓政通人和，史称“元和中兴”。从中可以看到，留存好的家风对子弟的教育是多么重要。

五、“宏风导俗，莫尚于文”

李世民是在马上得天下的皇帝，但是他深知，马上可以得天下，却不可以治天下。古代中国历来有文武之分，文治武功也是所有帝王追求的功业，李世民就特别推崇文治。

《资治通鉴》记载，在李世民继位之初，面对如何解决突厥的问题，朝廷曾经有过一场非常大的争论。主张通过武力解决的，是宰相封德彝。而魏徵却说："偃武修文，中国既安，四夷自服。"魏徵这个思想，就是典型的文教思想，把国家治理好了，政通人和，那么突厥自然就拜服了，不用劳师远征。李世民采纳了魏徵的建议。最后的结局如何呢？十几年之后，李世民再次想起了那次争论，他说：因为采用了魏徵"偃武修文"的策略，突厥王颉利可汗被擒，突厥的各个酋长都成了自己大帐的护卫，大唐周边部族都开始喜欢穿我们中原的衣服，接受我们中原文明的教化，这些都是魏徵的功劳啊！他接着说："但恨不使封德彝见之耳！"如果说遗憾，只有一个，就是这样的盛景没办法让封德彝看到，那时封德彝已经过世了。

从这个故事中，不难看出，在李世民的政治理念中，他是崇尚文治的，也看到了文治的效果。故而在给后代的训诫中，李世民特别提到了一条：崇文。还是那句话，在君主专制的时代，皇帝的事，没有私事，都是公事。所以皇帝的崇文，也分为个人和国家两个层面。从个人的角度讲，就是增强自身的文化修养。从国家的角度讲，就是增强文教，而非穷兵黩武，"宏风导俗，莫尚于文；敷教训人，莫尚于学"。可以说，李世民在这两个方面做得都是非常不错的。

个人修养方面，李世民酷爱书法，这一爱好在皇族中也有影响，比如前面提到的皇四子李泰，就是个有名的书法家。而且，为了让书法得到更好的发展，李世民还在科举考试中加入了书法环节。宋代著名的学者洪迈就曾经论述，在唐代的科举考试中，主要考身、言、书、判四个方面，书指的就是书法。个人文化修养的另一方面是读书。李世民曾经说自己自贞观以来，每日手不释卷。而且，他认为读书能够让他知道风化的根本，能够体会到什么才是为政的关键。李世民尤其好读史书，对各个朝代的帝王故事如数家珍。他曾言，君主应该以史为鉴，这给他处理政事带来了很多有益的影响。读书，后来成为李世民后代的一大良好习惯，比如李隆基、李纯等人都酷爱读书。

从国家的角度，李世民提倡儒家思想，尊重读书人。在贞观二年（628年），李世民尊孔子为“先圣”；贞观十一年（637年），李世民再次下诏，尊孔子为“宣父”。同时，李世民把隋朝的科举制度发扬光大，据统计，在贞观年间，通过科举考试晋身进士的读书人，总共有205名，这些人为官后大兴文教之风。不仅如此，为了弘扬文教，李世民还在孔庙建立国学，教舍四百余间，学生最多时可达三千多人。这些措施，都对唐代的文治起到了极为重要的推广作用。所以，无论从个人的修养，还是从治国理政的角度来讲，李世民自身都是一个崇文的人。

崇文，成了李世民留给后代重要的训诫，也成了李唐王朝家风中重要的内容。李唐王朝后来的继承者，在崇文的道路上也多有建树。武则天时，大量增加科举取士人数；而到了唐玄宗的开元年间，文教更盛，中国俨然成了诗歌的王国。崇文，在唐代的发展中打下了深刻的烙印。而且事实证明，崇尚文治、注重教化，确实给唐代带来了安定强盛。与之相反的是唐玄宗统治的后期，唐玄宗穷兵黩武，重用武人，表面上国势强盛，但内里却暗藏危机。安史之乱一起，唐王朝的百年积淀毁于一旦。后来，安史之乱虽平，但藩镇割据难消。虽然经历了唐宪宗的短暂中兴，但唐王朝覆亡的命运最终还是没有被挽回。这也从反面印证了李世民提倡崇文的重要性。

李世民作为一代帝王，他给自己的后辈留下的不只是亲手打下的江山，更给他们留下了良好的家风、家训。对于一般家庭而言，家风、家训是为人、治家的经验与启发；而对于李世民而言，这些家风、家训则是一个国家、亿万黎民安危的保障，是他一生峥嵘岁月的总结、治国理政的心得。“重德”“尊师”“戒盈”“尚俭”“崇文”，这些训诫都值得后世尊重，也值得后世学习。因帝王的身份，李世民的家风超越了一个家庭的范围，甚至可以称为中国古代治国理政经验的结晶。

第十一章

房玄龄：孝亲勤朴，清白忠良

汉之袁氏累世忠节，吾心所尚，尔等宜以之为师，时时训诫自己。

——房玄龄对后代的教导

尽孝、尽忠两大使命贯穿了房玄龄的一生。作为唐朝名相的他，在家奉养双亲、与妻子琴瑟和鸣；在朝堂上运筹帷幄，一心为国。因此，不管是持家还是为政，房玄龄的影响都是不可磨灭的。

579年，房玄龄出生在官宦之家清河房氏，是隋朝泾阳令房彦谦之子。一方面，房玄龄幼时受父亲教导，耳濡目染，长大后承其父遗风，为人谦和、待人宽容，对父母孝顺，对妻子从一而终；另一方面，房玄龄从小在家中受到良好的教育，他博览群书，才华出众，精通儒家经书。知识的积累提高了他对事物的判断能力，加上自身的聪慧，让他能够在朝堂上大展拳脚，实现鸿鹄之志。从房玄龄对家人的态度，再推及房玄龄对国家的态度，可以看到房玄龄的个人修养和处世智慧，可以看到他的好家风。

总体而言，房玄龄对家族的重视、对自己的严格要求、对国家百姓的担当，都为后代房家人树立了正确的价值观念和人生追求，这也正是房氏家风的反映。那么，房玄龄的品格修养与房家家风表现在哪些方面呢？

一、为子，孝养双亲

房玄龄是唐朝杰出的政治家，同时也是一位孝顺的儿子，一直尊敬、孝顺父母。他孝养双亲，不仅体现了传统的孝道，还弘扬了儒家文化的价值观。

房玄龄的父亲房彦谦，是魏、齐时期的山东学者。房彦谦虽出身于士族，但他幼时丧父，由母亲与兄长鞠养，十五岁时过继给叔父房子贞，由叔父抚养成人。房彦谦侍奉继母，甚至比侍奉亲生母亲还尽心，他的继母过世后，他绝食五日，以表达对继母的思念与孝心。房彦谦侍奉伯父等长辈也尽心竭力，在家中凡是有新鲜的水果等食品，如果长辈没吃，他绝不先吃，孝行名扬乡里。也正是这样的人生经历练就了他宽厚的品格、豁达的胸襟，奠定了他未来人生的底色。

《隋书》《北史》《资治通鉴》提到房玄龄的成长，皆称房彦谦教子有方。房彦谦虽没有留给儿子太多物质财富，但他通过自己的言传身教留下了一笔无形的精神财富，教育出一位德高望重的唐朝名相，这些无形财富囊括了房氏家风中的诸多美德，对后辈子孙来说无疑是宝贵的遗产。

房玄龄以父为镜，尊敬长辈、恪守孝道，也是个有名的孝子。房玄龄接受过良好的教育，学习了儒家的经典，并且一直把儒家文化的精神贯彻在自己的行为中。他深知孝敬父母是儒家文化的重要价值观之一，因此他一直尽力表达自己的孝心，让父母感受到他对他们的关爱和尊重。他时常会亲自去探望父母，有一次房玄龄在政务繁忙之际得知父母染上了重病，他二话不说立即放下手中的事情，亲自在家中照料，直到父母病情稳定才继续处理政务。

在唐太宗时期，房玄龄被任命为宰相，担负着治理国家的重要职责和任务，虽然忙碌，但他也没有忘记对自己的父母的关心和照料。据《旧唐书·房玄龄传》记载，他父亲曾卧病多日，在这期间，房玄龄端食送药，没有脱过衣服睡觉，每天都用心服侍父亲。父亲去世后，他五天滴水未沾，可见他的悲痛心情和对父亲的思念。房玄龄对自己的继母也是非常孝顺，色恭礼备，侍奉时谨慎周到。继母每次生病，他必行大礼把医生迎到家中为其治病，对医生以礼相待，期望医生能够用心治好继母的疾病。继母去世后，房玄龄在家服丧，伤心到不思饮食，身体瘦若枯柴。

房玄龄作为一位至诚至孝的儿子，父母去世后，他除了立即筹备一系列的殡葬仪式，以表达对他们的敬意和怀念，还捐出了大量的钱财和物品，让更多需要帮助的人得到关爱和支持，可谓孝敬之心的推而广之。

中国有句俗话叫“前有车，后有辙”，通过房玄龄孝养父母的事迹，我们不难看出他继承了父亲的孝行。他并不是用虚伪的言行做样子给别人看，而是真正发自内心去对待自己的父母。俗话说，久病床前无孝子，房玄龄能在父母生病的时候尽心侍奉，在父母去世后又思念成疾，不思茶饭、广施善行，可以看出房玄龄对父母的真实情感和他的仁义孝心。

说到“孝”，中国人的“孝”也是分层次的。

首先，是赡养之孝，就是可以在物质上供养父母，即赡养父母，这是孝的初级层次。房玄龄在父母生病时，请人诊治，精心照料，他首先做到了赡养之孝。

其次，是敬养之孝。这不仅要求子女赡养父母，更强调子女对父母要有敬爱之心。没有敬和爱，就谈不上真正的孝。《论语·为政》中有讲：“至于犬马，皆能有养；不敬，何以别乎？”所以，对待父母并不能仅仅简单地养活他们，这只是做到了赡养之孝。敬养之孝不仅要求子女在物质上供养父母，还要对父母有发自内心的尊敬，它反映了人区别于其他动物，体现了人性的可贵，是比“养亲”更高层次的一种孝行。房玄龄对父母的孝心体现在物质层面的尽心赡养，更表现在精神生活上的慰藉，他能用心侍奉父母，做到了从表面到内心的“敬”，做到了敬养之孝。

再次，是卒亲之孝。中国人对于孝的要求，并不限于父母在世之时，而是要求不管父母是否在世都心存父母，将孝贯穿整个人生。孔子说：“生，事之以礼；死，葬之以礼，祭之以礼。”（《论语·为政》）房玄龄在父母去世后，茶饭不思，以忆父母之慈，广施善行，以念父母之恩，他做到了卒亲之孝。

最后，是显亲之孝。中华民族是注重家族风气与名望的民族，《孝经》讲：“立身行道，扬名于后世，以显父母，孝之终也。”“扬名于后世，以显父母”是古代最高境界的孝，房彦谦因其子房玄龄之功，被追封为徐州都督，后又封为临淄公，享受到了儿子给自己带来的荣誉。而房玄龄作为一代贤相，美名流传于后世，扬名显亲、光宗耀祖，为房氏家族带来殊荣，尽到了显亲之孝。我们常说的光宗耀祖、维护家道，实际上都是对父母的大孝，甚至整个家族都会因此增光。

无论何时，房玄龄都能够以一颗孝心真诚地对待父母。他的孝行给人们留下了深刻的印象，在孝顺方面，房玄龄的表现堪称出色。房玄龄的孝顺行为是他作为儒家文化代表人物之一的体现，他将儒家文化中的孝顺思想展现得淋漓尽致，也为后人树立了榜样。

二、为人，清白勤朴

房玄龄政绩卓著，为开创“贞观之治”做出了重要贡献。他的成就与其家族秉承的清廉家风密不可分，其父房彦谦一向为官清廉，并言传身教，给房玄龄做出了良好示范。在家庭文化的影响下，房玄龄坚守清廉，最终获得“清廉为官，千古名相”的美誉。

《隋书·房彦谦传》集中说明了房彦谦的个人美德及其家风修养：他朴素勤俭，“车服器用，务存素俭”，衣食住行都相当俭朴，而对亲朋好友则是毫不吝啬，以至“家无余财”；他乐观自得，所得俸禄“皆以周恤亲友”，导致他家经常入不敷出，然而房彦谦并未因此烦恼，反而不以为然、怡然自得，颇有“孔颜之乐”之风。

房彦谦一生为官数载，一言一行，从未谋取过私利。他常常勉励子侄们勤奋读书、廉洁奉公、爱民如子，尤其是他著名的“清白”之言，更是令人叫绝。别人当官都求富贵腾达，而房彦谦并不在乎，只希望留给子孙“清白”，他说：“人皆因禄富，我独以官贫，所遗子孙，在于清白耳。”

房彦谦大气，他写的文章，气势宏大、风格典雅，他还擅长隶书，得到他的书信的人都将其视若珍宝、悉心收藏，但他从不把文章和书法变现。他家入不敷出，却常常高朋满座、冠盖相望，而他始终坚持谨慎交友，所处朋友都为高雅清俊之人，没有一个品德低下、行为卑劣的，“有识者咸以远大许之”。房彦谦清白做人、清白做官、清白交友、清白持家的德行潜移默化地影响了儿子房玄龄，这种“清白”之爱，何尝不是留给房玄龄等子女最珍贵的遗产呢？

房玄龄一生继承父志，以父亲为榜样，为官清廉，在官场上不为权力所动，终身保持纯真本色，堪称一个“正人君子”，因此成就了一番功业。自贞观元年（627年）起，房玄龄迁为中书令，后又拜为尚书省左仆射，从此成为首席宰相。太宗封他为梁国公，还将女儿高阳公主嫁给他的儿子，同时韩王又娶了房玄龄的女儿为妃，房玄龄因此成了皇亲国戚，可谓位高权重。然而，房玄龄依然保持清白本色，待人接物和颜悦色，衣食住行简单朴素。虽然大权在握，但他说起话来却总是细声慢气，即使是胸有成竹，也用商量的口气，从不趾高气扬。

身为宰相，他协助李世民治理了许多疑难问题，协调好大臣之间、君臣之间的各种关系。他为大唐立下了汗马功劳，深得皇帝信任。唐代史学家柳芳曾在评价房玄龄时说到，房玄龄辅佐太宗平定天下，直到死于宰相位上，一共三十二年，天下人称他为贤相，虽然没有多少事迹可寻，但他的道德修养达到至高境界。所以太宗平定祸乱而房玄龄、杜如晦二人不居功；王珪、魏徵善于谏诤而房、杜二人不争其贤名；李勣、李靖善于领兵作战，而房、杜二人辅行文道，使国家太平，将功劳归诸君主。不居功、不争名，辅行文道，使国家太平，这可以称得上是更崇高的“清白”了。房玄龄被称为有唐一代的宗臣，是很适宜的。

史料中直接记载房彦谦教育儿子的内容不多，但通过房玄龄从政后勤俭持家、廉洁为官等行为来看，房玄龄继承了父亲的“清白”品格，并把它发扬光大。

三、为臣，忠良为国

房家的忠良正直、爱民如子在历史上是出了名的。在隋炀帝大肆营建东都洛阳，同时汉王杨谅反叛时，房彦谦见黄门侍郎张衡当政而又不能匡救时弊，便写信告诫他：古代圣哲的帝王，黎明即起，操劳国事，兢兢业业，如履冰上，如怀抱朽烂，小心谨慎；乱世的帝王骄奢荒淫，无所畏惧，凌驾于万民之上，肆意放纵私欲。你置身朝廷，天子以大权相托，早已把你看成心腹重臣。你既然身处政治清明之世，应当心存正直，为当世立下重要的戒律，以作为后世的宪典，怎么能允许曲意顺从天子，把仁爱之心变成刑罚之举！张衡收到房彦谦的书信，感动得长长地叹息，又不敢让炀帝知道。

房彦谦知道朝廷纲纪败坏，便辞去官职，隐居林下。他准备在蒙山下建屋结庐，以遂退隐的志愿。恰逢朝廷设置司隶官，选拔天下知名人士。朝廷认为他公正端方、声誉显著、众望所归，因此，任命他为司隶刺史。他一直有澄清天下的志向，凡是他向朝廷举荐的，都是人伦表率。如有弹劾，被纠察的人也毫无怨言。司隶别驾刘炫欺上辱下，任意攻击别人，却自以为正直。刺史们都害怕他，见了他都恭恭敬敬下拜，唯有房彦谦对他不卑不亢，见面一揖而已。有见识的人都称赞他，刘炫也不恼恨他。

房彦谦在秦州任职时实行惠政，百姓都称他为“慈父”。仁寿年间，隋文帝命使臣持节巡行各州县察看官吏能力的大小，使臣认为彦谦为天下第一，后房彦谦被提拔为鄀州司马。长葛县的官吏百姓号啕大哭：“房明府今去，吾属何用生为!”后来百姓们思念他，还立碑歌颂他的功德。

在房彦谦的影响下，房玄龄少时即关注国家大事。《新唐书》记载，房玄龄少年时期就对父亲说：今皇帝本无功德，仅以周室近亲，妄自诛杀大臣，攘夺神器而据为己有，又不为子孙建立长久之计，混淆嫡庶之位，竞崇奢侈之俗，相互倾陷，最终必会内部自相诛灭，如今天下虽然太平，但其灭亡可翘足而待啊！那还是隋朝初建的时候，所有人都认为隋朝将会长治久安，而房玄龄就以这种敏锐的洞察力看到了这些。隋朝末年，隋炀帝杨广暴政虐民，激起天怒人怨，天下英雄豪杰为了推翻隋朝暴政，纷纷揭竿而起，农民起义顿时风起云涌，隋王朝江山陷入风雨飘摇之中。事实证明，房玄龄的判断并没有错。

房玄龄作为一位饱读四书五经的儒臣，他不仅将圣人的话内记于心，而且外化于行。隋文帝等妄自诛杀大臣，攘夺神器而据为己有，这就是《孟子》中讲到的关于“王道”与“霸道”的区别，即“以力假仁者霸，霸必有大国，以德行仁者王，王不待大”。隋文帝等人夺取天下是依自己的私欲，并非仁义之师，而夺得天下后，又崇尚奢侈，使奸臣当道，隋炀帝更是有过之而无不及。据传，隋炀帝奢侈腐化，滥用民力，他即位第一年，每月就役使二百万人营建东都洛阳，修造华丽宫殿和花园。他还三次乘坐大龙舟到江都巡游，随行船只就有几千艘。这样怎有不亡的道理呢？房玄龄谨记圣人之言，对时事做出判断，这点从他后来投奔李世民这一行为中也可以看到。

晋阳起兵后，房玄龄独具慧眼，审时度势，在“十八路反王”中，没有投奔当时实力雄厚的瓦岗军，而是在渭北投靠了李世民。两人一见如故，李世民拜他为渭北道行军记室参军，房玄龄积极为李世民出谋划策，倾心追随。在唐朝建立的过程中，房玄龄随同李世民南征北战、运筹帷幄，尽心尽力地筹谋军政事务。房玄龄重视网罗人才，四处寻找有勇有谋之人，与他们结为朋友，将他们推荐给李世民，就连后来人们常常提到的“房谋杜断”中的杜如晦，也是他举荐的。后来，李渊推翻隋朝，做了皇帝，封李世民为秦王；李世民让房玄龄做秦王府记室，封房玄龄为临淄侯。房玄龄为唐王朝的统一做出了卓越的贡献。

房玄龄独具慧眼、尊崇贤德，坚持追随李世民。李世民是李渊的次子而并非长子，在宗法观念极强的中国古代社会，就算李渊成功了，在当时的情况下最大的受益者也应该是嫡长子李建成，但房玄龄却一直选择追随李世民。

在唐王朝统一全国后，皇位继承问题就成了焦点，李渊立长子李建成为太子。李建成这个人文武双全，既能带兵打仗，也能治理国家，但是，李建成有一个能力超群的弟弟李世民。在唐朝建立的过程中，李世民笼络了众多武将，又有房玄龄为他网罗天下人才，其身边可谓人才济济。太子李建成自知战功与威信皆不及李世民，心有忌惮，就和弟弟齐王李元吉联合起来。在权力的诱惑下，李建成与李世民的矛盾就变得尤为尖锐，最终导致了历史上著名的玄武门之变，而作为秦王府重要谋士之一的房玄龄也参与其中，谋划玄武门之变。唐太宗即位后对群臣论功行赏，认为房玄龄、长孙无忌、尉迟恭等五人功居第一，房玄龄晋爵为邢国公，后来又升为中书令。629年，房玄龄升任尚书左仆射，行宰相之职。以上足见房玄龄识人很准、有勇有谋，不管形势变化如何，择一良主，终身追从，可谓中国古代忠臣的典范。

从晋阳起兵到玄武门之变，房玄龄为什么能坚持追随李世民呢？答案很简单，就是因为李世民行仁政。而其他的反王包括李世民的兄长李建成，都并非仁主。孟子在《公孙丑下》中提过："以力服人者，非心服也，力不赡也；以德服人者，中心悦而诚服也。"就是说，"尚力"抑或"尚德"，是"霸道"与"王道"的根本区别。房玄龄对李世民的追随也证明了这一点，房玄龄不会趋附权势，而是坚守圣人之道，将仁德作为标准去选择自己要追随的君王，以期君臣同心，为国家和百姓谋福。

房玄龄主张仁政，还表现在制定律法上。贞观初年，天下初定，他与杜如晦共执朝政，房玄龄吸取隋朝"法令尤峻，人不堪命"，"遂至于亡"的教训。在制定《贞观律》时，本着"用法宽平"的原则，要求"据礼论情"，减去隋朝律法中的大量刑罚，删繁就简、改重为轻，死刑与之前相比几乎去掉一半，使唐律更为宽松，律条也臻完备，为中国现存最古、最完整的封建刑事法典《唐律疏议》奠定了基础。通过制定《贞观律》，房玄龄表现出对百姓的仁慈和对前朝教训的吸取。《新唐书》对此事评价极高，说："自房玄龄等更定律、令、格、式，讫太宗世，用之无所变改。"后世法令的修订也多以此为基础。房玄龄实居首功。

在外交上，他心存仁慈，主张团结各民族，以减少冲突，避免伤及无辜。唐朝初年民族问题极为复杂，房玄龄在民族政策上，能够从国情出发，站在百姓的立场，以和为贵。东突厥薛延陀部实力较强，太宗曾封其首领夷男为真珠可汗，但薛延陀部反复无常、出尔反尔，唐太宗派兵联合突厥的一部给其以致命的打击后，真珠可汗派人来唐求婚。唐太宗虽对薛延陀并不放心，但是在以武力消灭，还是联姻这个问题上一时下不了决心。房玄龄权衡利弊，认为和亲为上策，理由是大乱之后，国家元气尚待恢复，用兵对国家不利。唐太宗采纳了房玄龄的意见，避免了一场战争，改善了民族关系。

同样，唐太宗打算东征高丽时，房玄龄劝谏唐太宗停止攻伐，而在这时房玄龄已是年老体衰、重病缠身。房玄龄对他的儿子们说：我受主上厚恩，今天下无事，唯东征未已，群臣没有敢劝谏的，我知而不言，死有余责。于是上表章劝谏：

《老子》曰："知足不辱，知止不殆。"陛下功名威德亦可足矣，拓地开疆亦可止矣。且陛下每决一重囚，必令三覆五奏，进素膳，止音乐者，重人命也。今驱无罪之士卒，委之锋刃之下，使肝脑涂地，独不足愍乎！向使高丽违失臣节，诛之可也；侵扰百姓，灭之可也；他日能为中国患，除之可也。今无此三条而坐烦中国，内为前代雪耻，外为新罗报仇，岂非所存者小，所损者大乎！愿陛下许高丽自新，焚陵波之船，罢应募之众，自然华、夷庆赖，远肃迩安。臣旦夕入地，傥蒙录此哀鸣，死且不朽！

太宗女儿高阳公主为房玄龄儿子房遗爱之妻，太宗对公主说："彼病笃如此，尚能忧我国家。"太宗亲去探视，握着房玄龄的手与他告别，悲痛得不能自禁。一位年老体衰且重病缠身的人，在此时仍牵挂社稷，足以见得房玄龄对国家和百姓的忠诚与强烈的责任心。

总体来说，房玄龄能精诚奉公，谨承圣人之言，一心一意，凡事都为国家和百姓考虑，这种忠诚爱国的精神在房家历史上一直得到传承，成为房家的最终信仰。

四、为夫，从一而终

中国古代实行一夫一妻多妾制，男人可以有一个正妻和几个小妾。作为一人之下、万人之上的唐朝开国宰相，拥有三妻四妾更是平常不过，可是，房玄龄没有三妻四妾，而是和结发妻子卢氏生死相依、厮守一生。

房玄龄之妻卢氏，性情刚烈，是一个不惜用生命捍卫婚姻的女人。《新唐书》和《太平广记》记载，房玄龄还没有做官时，生了一场大病，以为自己快要死了，就想立下遗嘱，他对夫人说，虽然我想与你白头到老，但是天不遂人愿，我怕是好不了了，我死后你不要守寡，你还年轻，有合适的可以再嫁一个。卢氏听后悲痛欲绝，并和房玄龄说自己誓死不再嫁，表明自己从一而终的信念。后来房玄龄的病得以康复，病好后，房玄龄对夫人更加宠爱敬重。这里我们看到了房玄龄妻子卢氏性子的刚烈，也看到了她对丈夫的忠贞。同时，房玄龄作为一个丈夫，在病重之际，不忍自己死后妻子一人受苦而劝其改嫁，从中不难看出他对妻子的浓浓爱意。

另一个房玄龄与妻子的爱情故事就是广泛流传的“醋坛子”。房玄龄怕老婆是出了名的，卢氏虽然霸道，但对房玄龄的衣食住行十分尽心，从来都是一手料理。有一次，唐太宗请开国元勋吃饭，酒足饭饱后，房玄龄经不住同僚的诱导，也是想维护一下自己身为男人的面子，便吹嘘自己不怕老婆。唐太宗趁此时机，赐给了房玄龄两个美女。房玄龄顿时不知如何是好，左右为难：收了两位美女是绝不可以的，那将辜负了结发妻子；不收的话自己作为一朝宰相，面对满朝同僚，皇上赏赐，岂可抗旨？后来在尉迟敬德的怂恿下，房玄龄不得已将两个美女小心翼翼地带回家。不料，妻子卢氏看到后，也不管皇帝不皇帝，顿时火冒三丈、大发雷霆，指着房玄龄大吵大骂，赶两个美女出府。房玄龄一见形势并不乐观，没有办法，只能将两个美女送出府，此事立马就被唐太宗和满朝同僚知道了。

李世民想趁机压一压宰相夫人的脾气，便召宰相房玄龄和卢氏问罪。唐太宗指着两位美女和一坛“毒酒”对卢氏说，我也不追究你违旨之罪，这里有两条路任你选择，一条是领回美女，另一条是喝了这坛“毒酒”，省得嫉妒旁人了。卢氏见事已至此，知道自己年老色衰，看了看地上的“毒酒”，面无惧色，举起坛子一饮而尽。房玄龄见此情景悲痛万分、老泪纵横，后悔当初在酒宴上吹牛，他抱着夫人哭泣，而一旁众臣却哄堂大笑，原来那坛子里装的并非毒酒，而是一坛子醋。唐太宗见房夫人这样的脾气，叹了口气道：房夫人，莫怨朕用这法子逼你，你妒心也太大了，不过念你宁死也恋着丈夫，朕收回成命。从此，“吃醋”这个词便成了男女关系间嫉妒情绪的代名词，“醋坛子”的故事也成为千古趣谈。

古代三妻四妾常见，官宦人家更是妻妾成群，相较之下，房玄龄可谓是男人的典范。虽然房玄龄的妻子性格刚烈，但房玄龄作为李世民重臣，唐朝位高权重的宰相，他如果真的想纳妾也并非难事。但一个位高权重的人，能因结发妻子而放弃其他女人，从一而终，这也恰恰反映了房玄龄有情有义、忠于爱情的人物形象。房玄龄与其妻子卢氏生死相依、厮守一生，可谓忠贞于爱情的典范。

房玄龄的一生是辉煌而谦谨的一生，他对父母的孝养、对国家和百姓的忠诚、对妻子的敬爱显示出了他完美的人格。

房玄龄从起初的慧眼识珠，到追随李世民南征北战，再到唐朝建立后作为一国宰相的精诚奉国、惧满崇让，彰显出了他良好的个人修养与处世智慧。房玄龄的父亲房彦谦那句“人皆因禄富，我独以官贫，所遗子孙，在于清白耳”更是道出了房家家风的核心，好家风造就了一代名相。

第十二章

范仲淹：廉俭持家，造福乡梓

孝道当竭力，忠勇表丹诚。兄弟互相助，慈悲无过境。
勤读圣贤书，尊师如重亲。礼义勿疏狂，逊让敦睦邻。
敬长与怀幼，怜恤孤寡贫。谦恭尚廉洁，绝戒骄傲情。
字纸莫乱废，须报五谷恩。作事循天理，博爱惜生灵。
处世行八德，修身率祖神。儿孙坚心守，成家种善根。

——《范文正公家训百字铭》

北宋时期，有这么一个人，他一生于仕途奔波，屡与同僚互生抵牾，颇多争议。然而他死后的千百年来，士大夫和老百姓却给了他昭若日月的评价，朱熹说他“天地间气，第一流人物”，他写下的“先天下之忧而忧，后天下之乐而乐”，更成为此后中华仁人志士的精神准则与毕生追求，堪称中华文明史永久的精神财富。这个人就是范仲淹。

范仲淹，字希文，政治家、文学家，谥号“文正”，世称范文正公。他自幼家道清贫，随母改嫁后姓朱，中进士之后，才复本姓。范仲淹一生文学成就突出，政绩卓著，兴修水利、创办学堂、强兵卫国、抚慰四夷，主持了他一生中最重要的政治实践——庆历新政，提出了十项改革主张——明黜陟、抑侥幸、精贡举、择官长、均公田、厚农桑、修武备、减徭役、覃恩信、重命令，力图改变北宋积贫积弱的政治局面。文化方面，他改良教育，推广“苏湖教法”，为国家培养了大批人才，而经他举荐的学者也最终和范仲淹一起，促成了宋代学术的鼎盛，推动了理学思潮的形成与发展。

范仲淹不仅在执教兴学方面成绩显著，对家里孩子的教育也极为成功，他的几个孩子范纯佑、范纯仁等都大有成就，范氏一门也因此成为诗礼世家。范仲淹治家甚严，他亲定《六十一字族规》和《义庄规矩》，并写有《诫诸子书》，这成为治家立业的宝贵资源。范氏后人依其训诫写成《范文正公家训》，教导儿孙后代为人处世的规矩。范仲淹要求自家子弟必须持家勤俭节约、不可铺张浪费，对族人、他人要以仁爱之心行慈善之举，这些家风家训是中华传统文化的宝贵财富。

一、“吾家素清俭”

范仲淹的父亲早亡，他两岁的时候就随母亲改嫁到姓朱的人家，生活条件十分清苦。当他开始学写字的时候，家里买不起笔墨纸砚，他只好拿树枝在地上写。尽管如此，他还是认真读书、刻苦上进。十余岁时，他到山东邹平的醴泉寺求学，在那里留下了“断齑画粥”的故事。当时范仲淹在醴泉寺潜心学习，因为家庭条件所限，为了填饱自己的肚子，他每天晚上用糙米煮一盆稀饭，待第二天早上凝固后，划成四块，早上吃两块，晚上吃两块，没有菜，就切一些腌菜下饭。他就这样坚持三年，终于学有所成。范仲淹曾在《齑赋》中写道：“陶家瓮内，腌成碧绿青黄；措大口中，嚼出宫商角徵。”

因为这段清苦的经历，范仲淹一生都坚持着廉俭持家的风范。据说，范仲淹任广德军司理参军时，想要回苏州接母亲来广德，因积蓄不多，下属要为他筹集路费，但他坚决不允。他说自己有一匹马，把它卖掉后就够回家的路费了。范仲淹任参政知事时，已经位极人臣且俸禄极高，但他仍要求家人过廉俭的生活。有一次，他召集家人于厅堂，看到儿孙都衣着朴素，非常高兴，他依旧告诫子孙道：“贫贱时，无以为生，还得供养父母，吾之夫人亲自添薪做饭。当今吾已为官，享受厚禄，但吾常忧恨者，汝辈不知节俭，贪享富贵。”范仲淹死后没有余财，“殓无新衣，友人醵资以奉葬。诸孤无所处，官为假屋韩城以居之”，做到了一生清白廉俭，在他给子孙留下的《范文正公家训百字铭》中，更是要求子孙“谦恭尚廉洁，绝戒骄傲情”。

与对自家要求勤俭不同，他对学生和朋友则极为慷慨。范仲淹在应天书院讲学的时候，有一位叫作孙复的学生，他勤奋好学，但因家庭贫困不得不中途辍学。范仲淹知道他很有能力，日后定是国家的栋梁之材，所以就拿出自己的钱来资助他继续学习，后来又在府学中给他找了一个差事，让孙复有钱贴补家用，从而可以安心读书。从此，孙复一心向学，十余年后成为当时著名的经学家，并最终名列“宋初三先生”之一。范仲淹不仅自己这样做，还这样要求孩子。有一次，范仲淹让次子范纯仁自苏州运麦至四川。范纯仁回来时碰见朋友石曼卿，得知他逢亲之丧，无钱运柩返乡，便将一船的麦子都送给了他，助其还乡。范纯仁回到家中，没敢提及此事。范仲淹问他，在苏州遇到朋友了吗？范纯仁说，路过丹阳时，碰到了石曼卿，他因亲人丧事，没钱运柩回乡，被困在那里。范仲淹立刻问：你为什么不把船上的麦子全部送给他呢？范纯仁答：我已经送给他了。范仲淹听后，对儿子的做法感到非常高兴，并夸奖他做得对。

范仲淹廉俭治家甚严，对任何可能造成家风败坏的事情都严格对待。范纯仁娶妻王氏，王氏为朝廷重臣王质长女，在娘家过惯了舒适富裕的生活，到范家后很不适应。一天，范仲淹看到儿媳用从娘家拿来的上好丝绸做帐幔，心里很不高兴，就对儿子和儿媳说："吾家素清俭，安得乱吾家法？"他说：这么好的绸缎，怎么能用来做帐幔呢？我们家一贯讲究清素节俭，你们若再用这些奢华的物品，有违我的家法家规，我就要在庭院里用火烧掉这些绸缎！从此以后王氏也改变了先前的生活习惯，开始和丈夫一起过清贫的日子。

正因为范仲淹对廉俭家风的坚守，这种风格成为范氏一门的准则。范纯仁后来做到了宰相的职位，《宋史》评价说："纯仁位过其父，而几有父风。"范纯仁从布衣到宰相，廉洁勤俭、关注民生始终如一，继承了父亲的品质。他曾说"惟俭可以助廉，惟恕可以成德"，即只有俭朴才能铸成廉洁之风，只有宽恕才可以成就好的德性。

范氏的这种廉俭家风，一直流传了下来，据说范仲淹的孙子范正平小时候学习刻苦，穿的用的比穷苦人家的孩子还差，平时和其他孩子一起到离城二十里的果林寺读书，来回都是步行，且只用一把破扇子遮挡烈日，完全没有官宦子弟的作风。

可以说，范氏家风最重视的就是廉俭。在如今罗江范家大院的石门柱上，仍镌刻着"自喜奂轮光世泽，还崇廉俭绍家风"的楹联，这就是告诫后人要廉俭。

二、以公心造福乡梓

范仲淹生活的时代是一个以家族为基本单位的时代，血缘联系、族群关系是人们很重要的生活纽带。但事实上，大家族内部能做到互相帮助的非常少，大部分都处于松散的状态，有血缘之名而无亲情之实。范仲淹认为，这样一种状态，既不利于宗族内部的团结和睦，也不能够帮扶家族中弱小的群体，所以他首先为范氏一族定立了族规，后来又在皇祐二年（1050年），在其原籍苏州吴县捐助田地设立了义庄，义庄田地的地租用于赡养同宗族的贫穷成员。范仲淹还为义庄定立了非常详细的章程，制定了所有的帮扶细则。在他去世后，他的儿子范纯仁等又续增条例，使义庄的规章日益完善。现在江苏省苏州市还有一所著名的景范中学，其校址就是范仲淹所建范氏义庄的旧址。

范仲淹认为："吾吴中宗族甚众，于吾固有亲疏，然以吾祖宗视之，则均是子孙，固无亲疏也。苟祖宗之意无亲疏，则饥寒者吾安得不恤也。自祖宗来积德百余年，而始发于吾，得至大官。若独享富贵而不恤宗族，异日何以见祖宗于地下，今何颜入家庙乎？"大意是一个大家族虽然有远近亲疏之别，但追根溯源，都有共同的祖先，所以若不能扶助族人，未来就无颜见九泉之下的列祖列宗。为此，范仲淹在《六十一字族规》中说："家族之中，不论亲疏，当念同宗共祖，一脉相传，务要和睦相处，不许相残、相妒、相争、相夺，凡遇吉凶诸事，皆当相助、相扶，庶几和气致祥，永远吾族家人炽昌般。"这是说，一个家族之内的人，不论远近亲疏，始终是血脉相连的，一定要和睦相处，不可以互相争斗，无论谁家有事都要相互帮助，这样一个家族才能气氛祥和，而族人才能在这个家族的庇佑下永享兴旺。

在范仲淹的《义庄规矩》里，还规定："乡里、外姻亲戚，如贫窘中非次急难，或遇年饥不能度日，诸房同共相度诣，即于义田米内量行济助。"不仅一族之内的人要相互扶持，而且当乡邻和外亲遇到大的灾难的时候，范氏一族也应当予以接济。尤其是要发挥义田的慈善作用，帮助大家渡过难关。

范仲淹虽然对宗族乡里很友善，但却坚决杜绝走后门、徇私情的行为。据说有一次，兄长范仲温要求范仲淹给他的儿子们谋官职，范仲淹当即拒绝了，并在《与中舍书》中，谈了对侄子们的教育问题，指出应督促他们发奋学习，只有等到他们学有所成后，范仲淹才可能按照国家的规定向朝廷推荐他们。后来，两位侄子在他的教育下，学业上进、品行端正，深受邻里乡亲的喜爱，范仲淹这才推荐他们，让他们按朝廷典章制度恩荫入仕。这时范仲淹又马上给他们写信，提出了一系列做人做官的要求，其中最重要的一条就是："汝守官处小心不得欺事，与同官和睦多礼，有事只与同官议……莫纵乡亲来部下兴贩，自家且一向清心做官，莫营私利。"范仲淹要求子侄们为官一定要尽职尽责，不可无所作为；要和同事们和睦相处，不可仗势欺人，尤其不可以让家里人到任官之处做买卖，否则必定官商勾结而毁了自家的家风。从中可见范仲淹对子侄们的殷殷期待。

范仲淹的这种以公心对待他人的仁爱，不仅表现在对族人、乡梓的义举上，更表现在对百姓的关爱中。范仲淹三十余岁的时候曾在泰州做官。他发现，当地人深受海潮侵袭之害，却一直没有办法解决。范仲淹经过多方询问，知道只有修复早在唐代就坍塌的海堰才可以解决问题，于是他就协调各方力量，着力兴修海堰。然而开工不久，当地就遭遇了一场新的海潮灾害。范仲淹不辞辛劳，亲自救灾，和工人们一起参与海堰的修建。在修建过程中，范仲淹的母亲去世了，按习俗范仲淹应居丧三年，但范仲淹担心修海堰的工作就此停滞，他便向朝廷请令，继续工作。朝廷准许了他的要求。经过五六年的努力，泰州海堰终于修成。此后，泰州百姓便不再受海潮之害，过上了安居乐业的生活。而这海堰，也被当地人称为"范公堤"。

与地方官仁爱一方百姓不同，宰相要为天下人负责，所以范仲淹在当参知政事的时候，这种对天下人的公心，就体现为施政的严格。庆历三年（1043年），范仲淹派一批正直能干的官吏做按察使，到各地考察官员的政绩，将那些贪赃枉法和不干实事的官员统统撤职法办。和他一起推动庆历新政的好友富弼看到范仲淹如此严格，不禁有些担心，便劝他：你查处一个官吏容易，但是他那一家子可就都要哭了啊。范仲淹答：我若不将这些官吏罢黜，恐怕就不是他一家哭，而是一方的百姓都要号啕大哭了。正是这种对天下人的仁爱之心，推动着范仲淹努力推行新政，然而可惜的是，范仲淹最终因得罪了那些大官僚而被贬黜。不过在被贬后，范仲淹并没有改变理念，仍旧一心为公。晚年的范仲淹在苏州任官，苏州是他的故乡，所以他想买一块土地，以便养老。于是他便在南园一带买了一块地，准备给自家盖房屋。盖房之前，他请风水先生来看。风水先生看后高兴地说，这块地风水很好，在上面盖了房子的人家，今后世代都会出大官。范仲淹听后立刻表示，若真是这样，好处便不能让范氏一家独得。于是，他就把这块地捐出来，兴建了一座学堂，即苏州府学。

范仲淹的公心至死不渝。

三、"乡人莫相羡，教子读诗书"

范仲淹认为，士人家族最重要的事情就是教育子弟读书成才，只有如此才能兴旺家族进而造福天下。《范文正公家训百字铭》中有"勤读圣贤书，尊师如重亲"的训诫，即要求子弟勤读诗书、尊师重教。

范仲淹的一生就是勤学苦读而成就大志的一生。范仲淹幼年时勤奋好学，为了能清静专心，在好几个寺庙里面清苦读书。后来他到应天书院求学，其间宋真宗路过应天府，为了营造与民同乐的氛围，宋真宗下旨，臣民可在重熙颁庆楼一起吃喝玩乐三天。这个消息震动了整个应天府，男女老幼无不争去一睹宋天子的风采并享受佳肴。应天书院的众学子也都纷纷心动，全都跑出去参加活动。只有范仲淹一动不动，仍旧专心读书。同学们想拽他一起去，范仲淹沉思片刻，说你们去吧，我还要读书。书读不好，学问不到，见到天子也没用；书读好了，学问到了，未来自然还能见到天子。于是范仲淹继续低头读书。几年后，范仲淹如愿金榜题名，最终见到了皇帝。

在为官之后，范仲淹仍坚持每日读书。据说他床榻的帷布上，总有一块圆形的黑黝黝的“墨迹”，即使换了新的帷布，过了一阵子就又会有新的“墨迹”。这其实并不是真的墨迹，而是范仲淹每天晚上上床后，还要坚持秉烛夜读一段时间，时间长了，灯焰就把帷布熏黑了。后来范仲淹的妻子在家教育孩子们勤学苦读，就常常以此为例，而他的孩子们知道父亲已经身居高位还如此刻苦读书，也就日益勤奋了。

范仲淹要求自己的子侄们要苦读诗书，他在给子侄们的信中说：“且温习文字，清心洁行，以自树立平生之称。当见大节，不必窃论曲直，取小名招大悔矣。”这是教育子侄们平常要踏踏实实地温习功课、认真读书，同时读书时不要妄发议论、好作翻案文章，而要看到书中的大智慧、大方向。另外，要树立道德理想，并使自己的心灵洁净、行为无亏。只有如此，才能成长为于百姓有用的人才。而在寄赠乡人的诗中，他也以自己为例，鼓励乡人勤读诗书：“长白一寒儒，登荣三纪余。百花春满地，二麦雨随车。鼓吹前迎道，烟霞指旧庐。乡人莫相羡，教子读诗书。”他教导乡人不要只看到和羡慕他现在的风光，而要知道这一切都是通过勤学苦读获得的，以此来劝导他们读圣贤书，进而再教育他们通过读书来端正志向，探寻为人处世之道，成为对他人、对社会有益的人。

范仲淹不仅重视族人的成才，还重视学生的成才。他在南都府学讲学期间，经常住在府学，以便督促学子们努力学习。他给学生们设立了严格的时间表，规定何时睡觉、何时起床、何时吃饭、何时学习，同时经常检查是否有学生偷懒，若遇到学生说读书读累了才休息的，就要考问他读的什么书、有什么心得，若回答不上来就要予以责罚。当然，范仲淹对自己的要求更严格。他不但每天按时工作，而且每当给学生出题的时候（那时候所出的题目主要是要求写作文章），他都自己先写好一篇，以便和学生的文章相比较，让学生更好地理解题目的意思。除了在具体学习上的督促外，范仲淹还注重对学生志向的引导，他常以“有忧天下之心”引导学生努力上进；同时鼓励他们，虽然每个人的禀赋不同，但只要努力，则“进可为卿大夫者，天人其学，能乐古人之道；退可为乡先生者，亦不无矣”。在他的督导之下，南都府学吸引了大批学子来学习，也为宋朝造就了一大批人才。

可以说，读书立志以成才，不仅是范仲淹的家风，还是他对所有年轻人的教育理念。当然，范氏一族由此得益甚多，所以自宋代以后范氏在历朝历代都不乏德才兼备而足以名世者。

四、“先天下之忧而忧，后天下之乐而乐”

范仲淹以《岳阳楼记》一文名贯古今，而其中最令人赞叹的是“先天下之忧而忧，后天下之乐而乐”，集中反映了范仲淹忧乐圆融的精神。范仲淹为人耿直、直言敢谏，因此多次被贬谪，梅尧臣曾作《灵乌赋》劝他少说话，结果他也回作了一篇《灵乌赋》，强调“宁鸣而死，不默而生”。在范仲淹看来，士君子对苍生负有重要的责任，士君子忧愁的不应是自己的贫苦卑贱，而应当是如何实现天下万民的安居乐业和国家的繁荣富强；在天下人忧愁之前就要为天下人而忧愁，在天下人都实现安乐后自己才享受安乐。这种忧愁也是一种自我实现的安乐。士君子可因着这忧愁而发愤图强，进而将自身所学运用到实践中去，以造福万民。这才能给士君子带来真正的安乐，不能如此，才是真正的忧愁。这便是范仲淹的忧乐圆融。范仲淹一生都贯彻着这种精神，他的生活可以说皆是这种精神的体现。据说范仲淹每天睡觉前都要反思自己一天的所作所为是否对得起自己所得的俸禄，若觉得对得起便可以安寝，否则便夜不成寐。显然，他这不是因计较利益而睡不着觉，而是在忧虑自己的行为是否符合士君子的要求。符合，则安乐；不符合，则忧愁。

范仲淹也是以此来教育自家子侄的，期望他们能不负士君子之名，而真正为家国天下做出一番事业。范仲淹在给子侄们的书信中说道："京师少往还，凡见利处，便须思患。老夫屡经风波，惟能忍穷，方得免祸。"范仲淹叮嘱：为人一定不要见利忘义，如此才能免祸。因此，范仲淹认为应当让子侄们经受些忧患、贫困、艰难，而"吾所最恨者，忍令若曹享富贵之乐也"。不经历过艰难困苦，就不会有真实的忧患感，而没有这种忧患感，就无法体察士君子的责任所在，更无法真心实意地为家国天下去做贡献。一般人都想着给后人创造最好的条件，范仲淹却提倡让族人体验艰难困苦的生活，否则必定会被奢华冲昏头脑，进而丧家败族。这种忧患精神是值得我们深思的。

如今，我们尤其需要学习范仲淹忧乐圆融的精神。在今日这个普遍追求"小确幸"的"小时代"，似乎没有什么值得我们终身忧虑的东西了，大家的忧愁只是生活中的不如意。这当然并没有什么错，但人生不足百年，如果没有做出一些超越自我的建树，必定也是有遗憾的，忧乐圆融的精神依旧有其时代价值。尽管如今已经不是战争频发的年代，但人们会遇到的不确定因素依旧很多，面临的挑战也会越来越大，我们需要这种忧乐圆融的精神去帮扶大众，我们需要这种精神去保持人的进取之心。范仲淹所倡导的忧乐圆融的精神，依旧是中华民族的优良品德之一。

范仲淹和范氏一族有数种家训传世，此处谨摘录《范文正公家训百字铭》《范文正公训子弟语》并简析如下，这两篇文章在范氏一族中流传甚久，是在范仲淹家风的基础上形成的。

范文正公家训百字铭

孝道当竭力，忠勇表丹诚。

兄弟互相助，慈悲无过境。

勤读圣贤书，尊师如重亲。

礼义勿疏狂，逊让敦睦邻。

敬长与怀幼，怜恤孤寡贫。

谦恭尚廉洁，绝戒骄傲情。

字纸莫乱废，须报五谷恩。

作事循天理，博爱惜生灵。

处世行八德，修身率祖神。

儿孙坚心守，成家种善根。

此文据说是范仲淹所作的家训，但实际成文情况已经难以确认，不过其中所蕴含的家风训诫，仍颇有价值。此文第一句以孝道和忠勇表达了对家庭、对国家的责任，即对父母要尽孝，对国家要尽忠。需要指出的是，古代的尽忠是对君主的忠，是在三纲下的臣对君绝对的忠，而现在再来看这句话，则一定要把它转化为对国家和人民的忠，而不是对统治者的忠，才具有当代价值。第二句是讲兄弟之间要相互帮助，不可因财产等而生嫌隙，同时对同族之人也要有慈悲之心。第三句是讲为人一定要好好读书学习，古代所读的书指四书五经，在现代则不必局限在这个范围，而是要扩充到所有人类精神世界的优秀资源；同时要尊重老师。第四句是讲和乡邻相处要谦恭礼让，不可以专横跋扈。第五句是讲对他人的态度，应该尊老爱幼、抚恤弱者。前五句主要讲人应该如何对待父母、兄弟、同族、乡邻、陌生人。第六句讲的是为人要谦恭谨慎、廉洁节俭，同时戒骄戒躁、去傲去惰。第七句是讲平时写字读书要珍惜纸笔，同时不能浪费粮食。第八句讲的是做事要因循天理，而不能胡作非为，同时应当博爱生灵。最后两句是总结前面的这些要求，认为如果能遵从家训所规诫的，就能使家族恩泽绵长。此文字数虽然不多，但被范氏一族世代所诵读、传承，其中勤俭持家、为人修身、关爱邻里、博爱万物、读书尊师等，皆是中华民族的优秀文化结晶，是具有普遍性和长久性的家风家训，值得我们现代人不断地学习和领悟。

《范文正公训子弟语》，这也是归在范仲淹名下，但其实是范氏一族后人编写而成的一组家风家训：

范文正公训子弟语

天理莫违，为人不易。居家莫逸，民生在勤。祖德莫烬，创业艰难。

家庭莫偏，易起寡端。闻电莫怕，不做恶事。奴婢莫凌，一样是人。

兄弟莫欺，同气连枝。钱财莫轻，勤苦得来。妇言莫听，明理者少。

时风莫趋，易入下流。交友莫滥，须要识人。饮酒莫狂，伤身之物。

耕读莫懒，起家之本。奢华莫学，自取贫穷。妄想莫起，想亦无益。

美色莫迷，报应甚速。待人莫刻，一个恕字。做事莫霸，众怒难犯。

女婴莫溺，汝心安乎。淫书莫看，譬如吃砒。立身莫歪，子孙看样。

果报莫疑，眼前悟出。降损莫惊，及早回头。淫念莫萌，怕有报应。

暗室莫愧，君子独慎。国法莫玩，政令森严。祖德莫忘，子孙有用。

父母莫忤，身从何来。子弟莫纵，害他一世。故旧莫疏，祖父之交。

邻里莫绝，互相照应。本业莫抛，所靠何事。匪人莫近，容易伤生。

正人莫远，急难可靠。非分莫做，受辱惹祸。官司莫打，赢也是空。

盘算莫凶，食报子孙。意气莫使，后悔何及。贫穷莫怨，小富由勤。

童年莫荡，蒙以养正。淫事莫藏，害尔子孙。言语莫尖，可以折福。

讼事莫管，害人不浅。杀生莫多，也是一命。富贵莫羡，积德悠久。

贫苦莫轻，你想当初。字纸莫弃，世间之宝。五谷莫贱，养命之原。

《范文正公训子弟语》较《范文正公家训百字铭》的内容更为细致，除去一些不适用于现代的思想，还是有些训诫颇值得现代人注意和学习。“居家莫逸，民生在勤”，这句话突出一个“勤”字，指持家一定要勤劳，不可以怠惰，否则家庭必然会败落；“家庭莫偏，易起寡端”，这是讲处理家庭事务一定要秉持公心，家务看似是私事，但其实涉及最难处理的家庭内部个体之间的关系问题，稍微不慎就会引发家庭矛盾，所以一定要秉持公心；“饮酒莫狂，伤身之物”，这是对饮酒的规劝，适量饮酒不仅是社交的必要，还是对身体有益的，但狂饮则会伤身，所以这里特别把它提出来规训族人；“待人莫刻，一个恕字。做事莫霸，众怒难犯”，这两句讲的是待人接物的道理，为人处世切忌刻薄和专横，否则会令他人记恨在心，终究会伤害到自身；“立身莫歪，子孙看样”，这是讲立身一定要中正，因为家长是孩子的榜样，上梁不正下梁歪，家长自身不端正就无法要求孩子走正途；等等。这篇家训一字一句中透露着范仲淹家风的余韵。范仲淹死后，其族人仍能够对其家风家训进行整理、传诵，可见范仲淹家风对其族人影响之深。

《宋史·范仲淹列传》记载：“仲淹内刚外和，性至孝，以母在时方贫，其后虽贵，非宾客不重肉。妻子衣食，仅能自充。而好施予，置义庄里中，以赡族人。泛爱乐善，士多出其门下，虽里巷之人，皆能道其名字。死之日，四方闻者，皆为叹息。”正是因为范仲淹德行端正，又能严格要求家人，同时能行仁善于族人、士子、民众，所以他在死后，为天下人所赞颂，以至于有后人论宋朝人物，称“以范仲淹为第一”。本文所述他留下的范氏家风，至今仍值得我们不断学习与借鉴。

第十三章

苏轼：至言莫过于身教

以此进道常若渴，以此求进常若惊，以此治财常思予，以此书狱常思生。

——苏轼送子苏迈砚台上的铭文

在中国，几乎没有人不知道苏轼，但就是这样一位才子，却一生坎坷、四处奔波。左迁，左迁，再左迁，辗转迁移、疲于奔命。苏轼平生最大的灾难莫过于“乌台诗案”了，很多人认为，经过这一遭人生惨剧，苏轼要学会多几分世故圆滑，但是苏轼辞章风采更胜从前，道义长存之心也始终不变。后来，也是因为这副道义充盈的傲骨，苏轼被一贬再贬，十几年间从湖北到广东，从广东到海南，一直到六十三岁才得以北归。

垂垂老矣的苏轼写下其一生的总结：“心如已灰之木，身似不系之舟。问汝平生功业，黄州惠州儋州。”回首他的一生，有领悟，有旷达，有他一生引以为傲的诗词，当然也有跨越荣辱的别样悲怆，但他没有妥协，没有苟且，没有人之将死的委顿。那么，是什么成就了苏轼这样如中天之月般明朗的性情呢？这就不能不说他从小就身在其中，又通过自己的言传身教传于后世的苏门家风。

通观“三苏”（苏洵、苏轼、苏辙）的文章，其实直接谈教育的不多，更没有成文的苏氏家训。在苏家，父母教育儿女，更多的是一种体验性、伴随性教育。比如苏洵想让兄弟俩勤读书，不是通过三令五申，而是通过自己勤读，给他们润物无声的影响，进而给兄弟俩营造“屋内万卷书，堂前千棵竹”的优雅环境，兄弟俩自然就把读书当成了人生中的头等乐事，而其他习惯的养成也多如此。苏轼把这样的家风发扬光大，用在对自己儿子的教育上，从而形成了一套与众不同的苏门家风，真可谓至教无言。

一、“遇事有可尊主泽民者，便忘躯为之”

苏轼在写给好友李公择的文章中曾有这样的一句话：“虽怀坎壈于时，

遇事有可尊主泽民者，便忘躯为之，祸福得丧，付与造物。”这就是说，不管身处什么样的境遇，只要事情是利国利民的，自己就会去做，至于自己的得失，就由老天决定吧！他是这么说的，也是这么做的，不管身处庙堂之高，还是江湖之远，一生践诺如初。而这种为国为民的治世情怀，可以称为苏门家风中的第一训诫，在苏轼子侄身上有极为深远的影响。

那么，苏轼这份为国为民的情怀从何而来呢？这还要从他小时候说起。苏轼十岁时，父亲外出游学，只有母亲照顾他们两兄弟。一天晚上，他陪伴母亲读书，只见母亲读了一段就把书放下，仰面叹息。小苏轼就问母亲什么事情如此叹息啊？母亲把书拿给他，原来母亲读的那一段是《范滂传》。苏轼知道范滂是东汉末年正直的官员，他谏言皇帝惩办宦官，因此获罪。他慨然赴死，临刑前与母亲诀别时，范滂的母亲因儿子为国为民的气节而骄傲，表现得大义凛然。小苏轼看着自己的母亲，问了一句：“轼若为滂，夫人亦许之否乎？”苏母马上正色说：“汝能为滂，吾顾不能为滂母耶？”意思是，你若是范滂那样的人，难道我不能做滂母那样的人吗？苏轼听到母亲的鼓励，马上立誓要做当世的范滂，为国为民不惧艰险、不惜此躯。而苏母也马上表示，若有这样的儿子，是做母亲的骄傲。

关于母亲的无言之教，还有一件事情让苏轼念念不忘，后来苏轼把它记录于《东坡志林》中。大意是说，母亲讨厌杀生，禁止家人捕杀在庭前树木上筑巢的鸟雀。后来，很多鸟雀都把巢筑得很低，不再怕人。而在文章的最后，苏轼感叹：“苛政猛于虎，信哉！”从中可以看出，苏轼把母亲对待鸟雀的行为和国家对待百姓的行为做了类比：只要关爱百姓，百姓自然会和国家、官员好好相处；反之，苛政之下，百姓就要惧官如虎了。

苏母就是以这样日常的行为让苏轼立下远大的志向。后来，在王安石变法过程中，苏轼处处以国民为念，在朝堂上痛陈新法的得失，甚至不惜顶撞当时位高权重的王安石，直接指责皇帝独断专行的作风，毫无畏惧，这些都为后来他因“乌台诗案”而受到的政治迫害埋下伏笔。之后调任外官，他爱民如子，处事也是多从百姓的利益出发，留下了非常好的口碑。

比如，他在杭州时，为了解决百姓的喝水问题，就疏浚水道，重建堤坝，后来该堤坝成了与白居易所建“白堤”齐名的“苏堤”。更令人感叹的是，他在密州时，常亲自行至城郊考察百姓的生活情况，有时看到无主尸体，就会热泪盈眶，继而命人将其埋葬。他见到因为贫穷而被抛弃的孩子，就会把他们带回家中抚养，据说他一共收养过三四十个孤儿。可以想象，这些孤儿在苏轼家中与苏轼的孩子吃住一处，对苏轼的孩子们会是怎样的触动。这种为官就是为国家和百姓谋福祉的作为，一定在苏轼几个孩子的心中种下了良知的种子。

而最难能可贵的是，他这种为国为民的精神，未因自己的处境而有所动摇。“乌台诗案”后，苏轼被贬到黄州。那时，他是戴罪之身，政敌环伺，处境非常凶险。一般人处于这样的境遇，一定是明哲保身。但是，他看到在当时的黄州，很多住在深山中的猎户、樵夫会溺死初生的婴儿，这在当时甚至已经成了一种习俗。苏轼知道，人们之所以如此，肯定是迫于生计。于是，他亲自出面建议太守储备“劝诱米”，专以收养弃儿。同时，他身体力行成立“救儿会”，请当地知名的寺庙主持出面，向乐善好施之人募捐。苏轼这些“遇事有可尊主泽民者，便忘躯为之”的作为，为国为民，虽百死而犹未悔的决心，一定也让他的孩子们看在了眼里，记在了心中。日后，儿子们步入官场，父亲所为必历历在目，这种无言之教、润物无声的力量，就会成为他们永恒的道德律令。所幸，事实也确实如此。

苏轼的长子苏迈，二十四岁时被朝廷任命为饶州德兴县尉。上任之时，苏轼与儿子在江西湖口分别。临行时，苏轼赠送一方砚给苏迈，砚底刻有铭文：“以此进道常若渴，以此求进常若惊，以此治财常思予，以此书狱常思生。”意思是：用它来学习圣贤的道理要如饥似渴，用它来习写文章要不停地进步，用它来记录和治理财务要时常想着给予他人，用它来书写狱讼公文要时时想着放人生路。

这是久经宦海沉浮的父亲对儿子的教育，一块常伴身边的砚台，寄托了父亲对儿子所有的希望，也凝结了苏门家风的精华。从表面来看，这是父子临别时的叮咛。其实，熟悉苏东坡生活的人知道，一块砚台并不简单，它代表的不是简单的父子相送，而是苏家的家风传承。据说，苏轼十二岁时，有一天他与朋友们玩耍，挖出来一块像鱼一样的石头，这块石头表面润泽、颜色青碧，苏轼就想把它当作砚台。他试了试，石头却无法存水。正当扫兴之时，父亲苏洵对他说："是天砚也，有砚之德，而不足于形耳。"这就是叫儿子要重视内在的德行，而不需过于看重外在的形式。父亲的一句话，让苏轼记了几十年。后来几经磨难，砚台丢失，直到他天命之年，砚台失而复得，他还把这段故事讲给儿子们听。这次赶上苏迈赴任，苏轼以砚相赠，不正是对父亲教诲的遥远而又深情的回应吗？

苏迈当然知道父亲的苦心，他也没有辜负父亲的厚望，虽然他在文学方面的成就没有达到父亲的高度，但他为官清正、爱民如子，凡利国家和百姓，必不惧艰险，忘躯而为。苏轼看到儿子的作为，当然也是非常欣慰，他在给老朋友陈季常的信中说："长子迈做吏，颇有父风。"苏迈在任的德兴县更是将他列入名宦之列，并造有苏堂，以示对苏迈的怀念。到了后世，康熙年间的《德兴县志》记载，苏迈为人"文学优赡，政事精敏，鞭朴不得已而加之，民不忍欺，后人仰之"。这一评语，寄予了中国社会对为国为民的高尚之士的赞誉之情，说明为国者国家不会忘记，爱民者民众自然爱戴。这是对苏轼教子成果、苏门家风最好的诠释。

二、"不合时宜"求真知

苏门家风的第二个重要训诫是求真知，就是求真务实。这也是苏轼一生为人处世的态度，这种态度他坚持了一辈子，有时甚至显得有点"不合时宜"，但这样的执着，却给苏门后辈们带来了深刻的影响，是苏门家风的集中体现。

讲到苏轼的求真务实，人们最为熟悉的就是《石钟山记》中那句话：

“事不目见耳闻，而臆断其有无，可乎?”这句话是苏轼对儿子苏迈说的，当时苏轼刚刚因“乌台诗案”而被贬到黄州，但是每天仍然不忘教子读书。一次，父子俩谈起了鄱阳湖畔石钟山的来历问题，苏迈拿来《水经注》等古书，找到了很多关于石钟山命名的说法，苏轼觉得这些说法都不足信。苏迈还想再找更多的书本佐证自己的观点，苏轼拦下了他。苏轼认为，这种以书本证明书本的做法，是非常不可取的。五年后，苏轼送苏迈上任之际，经过湖口，提起五年前的往事，父子俩欣然前往石钟山来了一次实地考察。于是，在中国散文中有了一篇脍炙人口的杰作《石钟山记》。仔细阅读全篇，不难发现，苏轼与儿子考察石钟山，并不是简单的过程，而是经历了惊心动魄的波折。如文中所记：

至莫夜月明，独与迈乘小舟，至绝壁下。大石侧立千尺，如猛兽奇鬼，森然欲搏人；而山上栖鹘，闻人声亦惊起，磔磔云霄间；又有若老人咳且笑于山谷中者，或曰此鹳鹤也。余方心动欲还，而大声发于水上，噌吰如钟鼓不绝。舟人大恐。

求真之心人人有之，有多少人愿意自己被人蒙蔽，糊里糊涂地过一辈子?但是，求真之路一般极为坎坷，甚至充满凶险。而苏轼带着儿子勇往直前，苏迈看着父亲在湍流险峰中为了追求真知，战战兢兢地携着自己的手前行，终于峰回路转，真相显现，这是一种怎样的震撼式教育体验。若由漂泊于激流之中，再联想苏轼的宦海沉浮，这教育意义就更为深刻了。

是时，苏轼被贬至黄州，但是如苏轼所料，王安石的变法正在走向穷途末路。他回想当年自己意气风发，在朝堂上直陈王安石乃至皇帝在变法中的不当行径，不正如这夜在激流险滩中颠簸，而为求世间一个真理吗?苏轼知道，一般人不求真务实，只是蒙蔽了自己，而身为人臣，如果也不求真务实，不敢犯险求真，那就是蒙蔽了国家，可怜了天下百姓。所以，面对新法，苏轼设身处地地从国家现实出发、从百姓实际考量，这不是简单的不囿于书本，而是不畏惧权势，为国为民求真知。从后来苏迈的为官品行可以看出，他应该领悟了父亲这层用意。苏轼对求真务实的追求还不止这些，他接下来的人生，就向世人展示了另外一层求真务实的境界，对苏家子弟的教育也大有裨益。

有一次苏轼摸着自己的肚子问家人：你们说我的肚子里装的都是什么？有人说是才学，有人说是政见，有人说是诗文。而苏轼的爱妾朝云说：您肚子装的都是“不合时宜”的东西。苏轼听后哈哈大笑，从此把朝云引为知己。

一句“不合时宜”，道尽苏轼的性情与一生的际遇，也为苏轼的勇于求真加上了另外一条注解。勇于求真，最难的不是不囿于书本，不畏权势、坚持自我，而是不被情感所困，不被自己的好恶所困，做到因事致理，务求真知。同时，苏轼的求真加上为国为民的志向，他的“不合时宜”求真知就不仅是为己求真，更是为国求真、为民求真。

为求真知，苏轼不因危难而畏惧，不因困厄而放弃，不因顺遂而疏忽，给儿子们留下了深刻的印象。这是一种言传身教式的家风流传，不是简单的言辞传于耳际，而是由血脉通达身心。后人可以想象，苏迈抚摸着父亲赠送的砚台，读着父亲的《石钟山记》，那激流巨浪后的豁然开朗，留在记忆中的感知该是多么深刻而持久。

三、“此心安处是吾乡”

从前面两个方面来看，苏轼对后辈的教育，主要是在治世、求学等方面，而纵观他的一生，他给苏门后代乃至所有后辈学人，留下的最伟大的财富是他对待人生的态度。这一点，后来也传承到苏门子侄的生活当中，成为苏门家风中独具特色的洒脱、豁达的生命观念：此心安处是吾乡。这要从苏轼生命中的波澜说起。

北宋建中靖国元年（1101年），六十四岁的苏轼终于可以北归。苏轼于绍圣元年（1094年）被贬惠州，然后被贬儋州，在中国的历史上，这已经不是如范仲淹所言的处江湖之远，而是处江海之远了。因为政治迫害的原因，苏轼从惠州再次被贬后，“士大夫皆讳与予兄弟游，平生亲友无复相闻者”。在那个通信不发达的时代里，除了几个至亲，在大多数人的意识中，那个曾经名满天下的苏东坡早就归于尘土了。可谁能想到，这个经历了万里奔波、千重瘴气、百丈惊涛的苏东坡，他竟然回来了！

这真的是一个奇迹，要知道，对于很多人来说，政治生涯的结束就是生命的结束。比如王安石，他在推行变法时简直就像一往无前的巨型机器，精力旺盛至极。但是，一旦官场失意，变法遇阻，王安石很快就萎靡不振，以至于在宋神宗去世后的第二年，他就去世了。而在一般人的预想中，经历大起大落的苏轼，早就应该死去，而且应该死去好几回了。那么是什么让他能历尽波折又再次回归呢？这里不得不说苏轼积极乐观、超然豁达的心态了。这一点，尤其在他被贬惠州之后的七年中，起到了关键作用。在这个过程中，子侄千里相随，尤其是三子苏过，从惠州到儋州一直陪伴在父亲身边，体会最是深刻。

有两样东西可以让后人对苏轼在惠州的生活态度有个大概的估量，一个是荔枝，一个是酒。关于荔枝，苏轼留下了许多名篇，其中最让人记忆深刻的当属《惠州一绝》：

罗浮山下四时春，卢橘杨梅次第新。
日啖荔枝三百颗，不辞长作岭南人。

岭南，当时是绝对的荒蛮之地，不要说文化，就是能与苏轼对话的人估计也并不是很多。但苏轼在这里却是怡然自得，诗中洋溢着轻快欢乐的情绪。对比当时岭南生活之苦，再看看这首轻快甜美的诗，就会知道，能吃出荔枝甘甜的不仅是嘴巴，还有能超越苦难的心灵。

关于苏轼酿酒的故事很多。苏轼每被贬至一处，常能促进当地酿酒产业的发展。比如，在黄州，他酿出了“蜜酒”；在惠州，他酿出了“桂酒”“松酒”“真一酒”“万家春”；到儋州，他又酿出了“天门冬酒”。他还为这些酒写了很多词，甚至还留下了制作秘方。《真一酒法》就记载：“岭南不禁酒，近得一酿法，乃是神授。只用白面、糯米、清水之物，谓之真一法酒，酿之成玉色，有自然香味，绝似王太驸马家碧玉香也。奇绝！奇绝！”苏轼把酒酿好，一边开怀把盏，一边讲述曾经与王公贵族、师友贤达喝酒的故事，最后结以奇绝的赞叹之声，该是怎样的一种酣畅啊！甚至在苏轼去世之后，苏过几兄弟还是常会被人问起那些酒的酿造方子，苏过只好笑对：哪有什么方子，父亲只是好试验罢了！苏轼，这个中国历史上首屈一指的大诗人，穿着短衣、撸着袖子，在荒芜寂寥中造酒欢歌，活得潇洒恣意，有这样的父亲作为榜样，还有什么样的苦难是不能超越的呢?

然而，命运从来不因人的乐观而露出善意的笑容，苏轼在惠州刚刚站住脚，估计还没有喝够自己酿的酒，贬斥再次来临，他被发配琼州，后来继续被贬到了儋州。

接到圣旨之后，六十多岁的苏轼在给皇帝的奏折中写下了几句话：“而臣孤老无托，瘴疠交攻。子孙恸哭于江边，已为死别；魑魅逢迎于海外，宁许生还。念报德之何时，悼此心之永已。俯伏流涕，不知所云。”从这段表述中，可以看出，苏轼这次被贬海南，是抱着必死之心的。在海南岛，他“食无肉，病无药，居无室，出无友，冬无碳，夏无寒泉”，过得简直就是“六无人生”了。最为痛苦的是，初到惠州的时候，苏轼身边除了苏过，还有朝云，而被贬儋州时朝云已经去世，跟随他的只有苏过一人了。

到了儋州，父子俩人生地不熟，据说每天连一日三餐都难以为继。在这艰辛的时刻，苏轼超然于物外的达观心态再次起到了关键作用，在三餐无着的情况下，苏轼居然带儿子一起练习“龟息功”——以虚静抗击饥饿。这是一场精神与物质的较量、心态与环境的较量。苏轼又赢了。

后来，人们就看到了这样的日记：

吾始至南海，环视天水无际，凄然伤之，曰：“何时得出此岛耶？”已而思之，天地在积水之中，九州在大瀛海中，中国在少海之中，有生孰不在岛者？覆盆水于地，芥浮于水，蚁附于芥，茫然不知所济。少焉，水涸，蚁即径去，见其类，出涕曰：“几不复与子相见，岂知俯仰之间，有方轨八达之路乎?”念此可以一笑。戊寅九月十二日，与客饮薄酒小醉，信笔书此纸。

从这一段文字中，不难看出苏轼内心的挣扎，从开始的何时出岛，到后来明白天地在积水中，人人都是一只小蚂蚁的顿悟，读者会猛然感到，那个曾经泛舟赤壁之下，感叹沧海之一粟的苏轼又回来了。他的一颗心已然在精神上超越了物质对他的禁锢，实现了处世的超然。而后，他又写出了另外一段：“已卯上元，予在儋州，有老书生数人来过，曰：‘良月嘉夜，先生能一出乎？’予欣然从之。步城西，入僧舍，历小巷，民夷杂揉，屠酤纷然。归舍已三鼓矣。舍中掩关熟寝，已再鼾矣。放杖而笑，孰为得失？过问先生何笑，盖自笑也。然亦笑韩退之钓鱼无得，更欲远去。不知走海者未必得大鱼也。”

相较日记中苏轼表现出在精神上的超脱，这一段文字写出了日常生活的温暖与自在。生于世上，人的生命就如苏轼所叹的沧海一粟。但是，不得不把生命寄予沧海的人，又有多少能够有沧海一般广阔的胸襟呢？苏轼能够在逆境中妙悟出通达人生的超然境界，想必苏过看到父亲如此，也会耳濡目染吧！他随着父亲一路走来，从必死的感伤、满眼凄凉的无助，再到忍饥挨饿，终于又见到父亲笑语盈盈，仿佛厄运一直在父亲的身边回旋，似乎只为成就一颗无比深沉而悠远的心。这该是一种怎样深切的教育啊，后来的事实证实了这种教育的有效性，苏过也有这样的诗句流传于世：世间出世何由并，一笑枯荣等幻尘。

虽然，现在人们一提起苏家，主要想到的是苏轼父兄三人，但是深受祖父、父亲精神浸染的苏过，不论是书画还是诗文，其成就在时人眼中最接近其父亲，因此被称为“小坡”。他陪伴父亲的时间也最长，尤其在最艰苦的儋州，他更是一直相伴左右，苏轼那种润物无声的不言之教，在他身上的体现自然也就最深了。人生飘忽不定，但是有这种家风的流传，定然能给人一份心境的安然。

四、“眼前见天下无一个不好人”

苏门家风中的待人原则也别具特色。人应如何对待他人呢？在苏轼所处的等级制极为分明的时代，社会的层级固化了人们待人处事的方式，身处士大夫阶层的苏轼，对待他人却有一套特别的理论。这也对苏氏子弟的生活有极大的教育意义。

苏轼曾经写给弟弟苏辙一封信。在信中，他说：“吾上可陪玉皇大帝，下可陪卑田院乞儿。眼前见天下无一个不好人。”这句话，一方面体现了苏轼面对生活与人生的豁达圆融，另一方面也是表达要以善待人。以善待人是一种人生真挚性情，它包容人与人之间的差异性，是广义上的善良。从儒家思想传统上讲，它是一个士大夫以仁者之心爱人的圣贤领悟。同时，从佛学上讲，它是圆通之后，朝向人与人之间朴质的温暖回归。在苏轼的眼中，人不会因身份、学识以及政见不同而有所区别，他总是用温柔而善良的眼光去打量世界，即使世界更多时候对他报之以冷峻的凝视。

苏轼从来都是以善待人，而不以恶意去揣度他人。最典型的例子，是苏轼曾经在深山中见到很多无主的尸体，多数人认为这些流落山间的死者多数是盗寇强人，即使他们已经白骨累累也难以清白，因而大家多避而远之。但是，苏轼却认为，这些人应该是被生计所迫，无奈之下才逃亡山中，悲惨致死而无人收葬。于是，他让人安葬这些死者，并且还写了碑铭作为祭奠。即使是对那些真正犯罪的人，苏轼也多是以善待之。比如，他在做杭州通判的时候，除夕之夜要值班提审犯人，在这样喜庆的日子里，面对牢狱中的犯人，他不是憎恶，而是怜悯。后来，他还写了一首诗记录当时的心情：

除日当早归，官事乃见留。
执笔对之泣，哀此系中囚。
小人营糇粮，堕网不知羞。
我亦恋薄禄，因循失归休。
不须论贤愚，均是为食谋。
谁能暂纵遣，闵默愧前修。

苏轼这首诗，践行了“见不贤而内自省也”的圣人之教。再联系上文提到的苏轼赠送给苏迈的砚台，就会明白，苏轼刻下的每一个字，不仅是对儿子的教导，还是对自己人生的总结。这样的善良教育，才是真诚的至善之教。在苏轼的善良中，还包含着我国古代士大夫阶层极为缺乏的平等观念。这一点苏过的体会最深。

在我国的古代社会，皇权至上，社会等级分明，所谓士农工商、三教九流，人与人之间有着一道无形的壁垒。苏轼不管是出身还是后来的成长，都深深浸淫在士大夫阶层，按理说，他不管是身居庙堂，还是独处陋室，都应该是谈笑有鸿儒、往来无白丁的。但是，据苏过的回忆，父亲并不是这样。在海南的时候，苏轼常常与当地的庄稼汉、小贩们闲谈，身后还跟着海南土狗“乌嘴”。那些人不要说读书论道，就连基本的文化常识都很缺乏。苏轼曾和一个庄稼汉聊天，刚开始庄稼汉面对苏轼不知所言。苏轼说，咱们说鬼吧，你给我讲几个鬼故事。于是，话匣子就打开了。苏过回忆说，后来父亲和这些当地的人们相处得非常好，甚至哪天父亲没有和他们聊聊天，就觉得身上不舒服。由此可见，这种平等待人的善良，可以让人与人之间的壁垒慢慢消除。而苏轼这种与人相处的风格，也慢慢融入苏家的血脉中，蔚然成风。受到这种家风熏陶的苏氏子弟，想必也会用质朴善良的心性与人相处、与世相处吧！

苏门家风并没有一本厚厚的文录，但是苏轼身体力行，把自己的一生当作教育的最好范本。所谓至教无言，说的就是苏轼吧！在我国几千年的历史中，人们总爱把苏轼比作月亮，无论阴晴圆缺，一想到就是润朗光明的形象，见与不见都是暖意。而苏门家风的传承，就如风拂月色，世间因此更为美好。

第十四章

陆游：汝曹切勿坠家风

后生才锐者，最易坏。若有之，父兄当以为忧，不可以为喜也。切须常加简束，令熟读经学，训以宽厚恭谨，勿令与浮薄者游处。自此十许年，志趣自成。不然，其可虑之事，盖非一端。吾此言，后生之药石也，各须谨之，毋贻后悔。

——陆游《放翁家训》

陆游是我国著名的爱国诗人，钱锺书在《宋诗选注》中评价陆游：“他的诗不但写爱国、忧国的情绪，并且声明救国、卫国的胆量和决心。”几百年来，读陆游的诗都让人热血沸腾。

陆游，字务观，号放翁，他一生笔耕不辍，写下了九千多首诗词，有《剑南诗稿》传世。在史学方面，他也颇有建树，著有《南唐书》等。陆游生于1125年，逝于1210年。他出自名门，幼时遭逢靖康之耻，随父兄南迁。成年后主要仕于南宋，但还未步入仕途就遭到奸臣秦桧打压，秦桧死后，陆游卷入和战交错的政治漩涡，宦海沉浮，一生为北伐奔走，但终究壮志难酬，至死仍气愤不已、锐气不消，写下了后代口口相传的名句——“王师北定中原日，家祭无忘告乃翁”，把自己未竟的心愿寄托在了子孙身上。正因有此经历，有此寄托，陆游一生中，非常重视对子女的教育，专门结合陆家的家训，整理出《放翁家训》，教子于庭前，流传于后世。除此之外，他还写下大量的“示儿”诗篇，时时对孩子进行教育警醒，可谓巨细无遗、面面俱到。综合来看，陆游的教子之道，主要集中在如何在南宋那个艰难又充满诱惑的时局中，明确志向、增进修为、不失气节，从而有所作为。

一、“愿儿力耕足衣食，读书万卷真何益”

陆家是几百年的名门望族，从唐代到宋代可以说世代有公卿，陆家一直有严格的家训、门风，“廉直忠孝，世载令闻”“孝悌行于家，忠信著于乡，家法凛然，久而弗改”，因此，陆游继承家族的传统，非常重视对子女的教育，并且认为家庭教育的第一要义，就是确立耕读传统。

耕就是种地，读就是读书，很容易理解，它是传统农耕社会中一个非常普遍与稳固的家庭运行模式。在中国的传统社会，士农工商简单分工，中国自古重农抑商，加上隋唐以降的科举制度的加持，耕与读就成为中国人在社会中进退有序、身份流转的基本模式，一边读书一边耕作，进可做官，退又不失生活基础。所以，耕读传家，就成了中国人基本的传统持家之道。然而，陆游提出的耕读却与这层意思有所不同，他并非只为传家，更是为了明志，并希望把这种方式作为家风流传下去，与子孙共享。

陆游在年老的时候补充了《放翁家训》，其中写道："风俗方日坏，可忧者非一事，吾幸老且死矣，若使未遽死，亦决不复出仕，惟顾念子孙，不能无老妪态。吾家本农也，复能为农，策之上也。杜门穷经，不应举，不求仕，策之中也。安于小官，不慕荣达，策之下也。舍此三者，则无策矣。"从这一段文字中不难看出，陆游对子孙后代人生的定位很清晰，最好不要做官，但要读书。读书只为明理，而非做官。如果做官，也不要做大官，甘于做小官即可，这就与"学而优则仕"的功利读书观不同。为什么会这样呢？这就要说到陆游对时局的认识——"风俗方日坏"。

南宋的政治生态非常险恶。外部有金国虎视眈眈；内部则是和战两派勾心斗角，而主和派的苟安思想占据主流。在这样的时局中，做官是对人性的一种严酷的考验，人很容易在理想与现实中迷失，陆游本人的宦海生涯就是如此。

陆游科举考试时，因文章中流露出主战的意图，而得罪了奸臣秦桧，秦桧操纵权柄，其党羽用尽手段把持朝政、排斥异己，对陆游多方打击，让他屡试不中。后来换了主考官，新主考官对陆游的文章大加赞赏，定为第一。可惜，同科的考生中又有秦桧的孙子，秦桧再次从中作梗，让他的孙子拔得头筹，陆游又名落孙山。此时，陆游已经非常明确，自己的主张完全不见容于秦桧了。这是一重考验：如果要当官，那么就要改变志向。怎么办呢？陆游的回答是，宁可不当官，也要坚持初衷。于是，直到秦桧去世，陆游才初入仕途，担任官职，而此时，他已经年过三十。为官之后，他觉得终于有机会施展自己的北伐抱负，一而再、再而三地上书，规劝君主、弹劾权臣、倡议北伐，并投身军旅，他一生五次为官，五次遭到主和派攻击、弹劾，继而被罢免，垂垂老矣之际，依然心系国事。

那么屡遭打击、贬斥的时候，他干什么呢？耕田读书。陆游晚年大部分时间都是闲居田野。在此期间，他不汲汲于功名利禄，而是志向不改、甘于耕读，还写下了大量脍炙人口的读书、耕作诗篇。其中谈春耕的就有四十多首，如“卧读陶诗未终卷，又乘微雨去锄瓜”“七十年来乐太平，白头父子事春耕”等；谈论读书的有“纸上得来终觉浅，绝知此事要躬行”“读书四更灯欲尽，胸中太华蟠千仞。仰呼青天那得闻，穷到白头犹自信”“病卧极知趋死近，老勤犹欲与书鏖”等。这些诗句，见证了他的生活，同时也见证了他对耕读不同的理解。耕读，不是求官求富的家庭经营之道，而是一种生命的寄托、心智成熟的生活方式，它能够让陆游在政治失意之后建立起一个丰富、惬意的空间，安放身心、滋养精神，从而独立于浊世之上。

他不仅自己耕读以明志，而且带着自己的孩子、劝诫自己的孩子过同样的生活。在他的诗中，不乏这样的句子——“更祝吾儿思早退，雨蓑烟笠事春耕”“愿儿力耕足衣食，读书万卷真何益”，这也是陆游对孩子们的希望，这当然不是真的让他们不要做官，而是要懂得，为官不是读书人唯一的人生目标，读书人应该有觉悟为自己构建一个深邃广阔的精神世界，它可以映照现实生活，尤其在浊世之上，能够过一种更加自由明朗的生活。了悟这一层道理，才是对人生根本的启迪。事实上，陆游的几个孩子成年之后，也都纷纷为官，官当得都不算大，放在南宋那样的环境中，虽然偶有瑕疵，但整体来讲，官声都还是不错的，而且他们多在劝学方面有所着力。

这种生活的观念以及对耕读的理解，其实也并非陆游独创。陆家的祖先就是如此。五代十国的乱世之中，陆家的先祖面对乱局，发誓保持读书人人格的尊严，绝不助纣为虐，因而退隐山林，务农为生，而此间又弦歌不断，用这样的生活模式，保持了一种高洁的人生品质。于是，陆游既是尊祖训，又是念自身、合时事，在家训中也把这一点列入，就是要告诫自己的后代，保有高洁志向的生活，是比占有权力更值得度过的人生。明了这一层意思，才知道为什么陆游能够写出著名的《游山西村》：

莫笑农家腊酒浑，丰年留客足鸡豚。
山重水复疑无路，柳暗花明又一村。
箫鼓追随春社近，衣冠简朴古风存。
从今若许闲乘月，拄杖无时夜叩门。

从“莫笑”到“又一村”，是一种人生经验的变化，也是一种精神世界的开启，他肯定是愿意为自己的子孙后代保留这个精神世界的。耕读以明志，他告诉后来人，耕读不只是一种乱世避祸的选择，而是在现世之外，给自己打造一重可以栖息的精神世界，足以让人生从容。

二、“吾侪穷死从来事，敢变胸中百炼刚”

陆家累世为官，家风的传统中，都保有节俭的内容，把节俭看作培养德行的重中之重。陆游在自己的家风设计中，当然也把节俭以修德提到了非常重要的位置，自己以身作则，也以此规劝子孙。在《放翁家训》的序言中，他回忆了家族光辉历史之后，明确地写道：“然游于此切有惧焉，天下之事，常成于困约，而败于奢靡。”

陆家的节俭之风是有传统的，陆游说小时候父亲就对自己谆谆教诲，把家族中关于节俭的故事讲了一遍又一遍。其中特别提到一个回家省亲的姑姑。这个姑姑嫁给了一户石姓的人家，有一天回到家中来探望父母，也就是陆游的祖父。姑姑进了家门，拜见父母，一家人其乐融融，围坐就餐时，姑姑肃然起立，致歉道，她最近日子过得浑浑噩噩，昏了头，居然忘记了今天是哪一位的生日。家人们也都有点诧异，问她为什么这么说。姑姑解释说，因为饭桌上有笼饼啊！笼饼就是包子，唐宋之际一种比较普通的面食。而在当时的官宦人家，笼饼实在是再普通不过的食品了。家人们听了姑姑的解释，都哑然失笑。此时，陆游的老祖父板起了面孔，教训众家人说：“吾家故时，数日乃啜羹，岁时或生日乃食笼饼，若曹岂知耶？”这句话的意思很明白：我们家原来是很穷困的，常常是连续几天都喝稀粥度日，只有到了年节或者某人生日的时候才会摆上笼饼。老人家边说边叹息，感慨家人们在显达富贵的生活中已经忘记了家中曾经困苦的日子。而这种遗忘，很可能也是陆游面对的现实。

南宋时，整体的社会风尚是比较奢靡的，孩子们难免受到影响。在陆游的理念中，俭朴的生活作风能够磨炼人的意志，把更多的精力聚焦在重大事件上，而奢靡享乐之风则相反，会让人丧失斗志，甚至导致家国败亡。因此，陆游一生比较节俭清贫，就是到了晚年也没有放松。当时，他的诗名已经很盛了，同时代的著名诗人、主战派辛弃疾就任绍兴知府，慕名前往探望陆游。两人讨论诗词、讨论军国大事，不觉到了午饭的时候，辛弃疾肚子饿了，但饭还没有做，两个大诗人都不禁哑然失笑。后来，陆游把这件趣事写到了诗中：“贷米东村待不回，钵盂过午未曾开。”诗词估计有夸张之嫌，但也从侧面反映出，陆游绝对不是那种金鼎玉食的做派，还是非常节俭的，甚至是清贫的。另外，通过会面，辛弃疾还意识到，陆游所住的房子很小，而且很旧，他的书摆起来都是挤挤插插的，不像个样子。于是，身为知府的辛弃疾就提出帮他修建一所宽大的新房。这一提议被陆游拒绝了。对于陆游来讲，这些身外的享受，并不是他所希求的。他更希望的是辛弃疾能够重新被朝廷起用，带领宋朝军队，一路向北，光复失地。于是，他留下了非常豪迈的诗句：“中原麟凤争自奋，残虏犬羊何足吓。但令小试出绪余，青史英豪可雄跨。”

陆游不仅自己一生节俭，他为官时也屡次上书，劝谏皇帝节俭。陆游一生经历四任南宋皇帝，他给三个都上过书，屡次劝谏节俭，不要玩物丧志，耽误北伐大业。劝谏的结果虽然每每不尽人意，甚至遭到贬斥，但他依然故我。因为他非常明确：节俭，可以修养德行，不被腐朽的世风所污染；也可以涵养志气，不被时间、不被自我享乐所消磨。他对自己这样要求，对皇帝这样劝诫，对家人当然也是如此教导，而且他还给出了一个比较明确的培养节俭品质的方法，主要有两个方面：节制欲望，勿友浮华。

第一，节制欲望，就是说在物欲与权欲方面不要过分地追求。我们上文提到，在陆游以及整个陆家的传统中，不追求过分的享受，是一贯的家庭风格。陆游拒绝辛弃疾为他建新的房子，其实在他的祖上，具体是他的高祖，也是以居旧居为安。在《放翁家训》中，陆游就记录说，他的高祖辞官之后回到老家，就居住在老房子中，老旧的椽子，一根都不能换。陆游对物质生活的要求低到挖点野菜就可以充饥，他在诗中记录了自己的饭菜情况，比如两首《午饭》就很有代表性。

其一写道："民穷丰岁或无食，此事昔闻今见之。吾侪饭饱更念肉，不待人嘲应自知。"其二写道："我望天公本自廉，身闲饭足敢求兼。破裘负日茆檐低，一碗藜羹似蜜甜。"

在第二首中，我们可以看到诗人穿的住的都很朴素，而吃的则是藜羹。藜是一种野菜，今天叫灰菜，在全国各地都非常普遍。陆游食用这种野菜，就满足如食蜜糖了。而第一首则更见品德：在人民饱尝疾苦的日子里，自己吃饱了还想肉吃，不用别人嘲笑，自己就该自我反思。两首《午饭》一起读就知道，这种食藜如蜜，不仅是一种简朴的生活方式，更是一种心怀天下的美德。

第二，勿友浮华。在南宋，主和派占主流，从上到下弥漫的是不思进取的奢靡之风，官场更是腐败横行，各种邪技雅痞被人争相效仿。年轻人，尤其是那些初入官场的读书人，在觥筹交错之间就被这种不良世风所沾染，因为难以把持自己。有鉴于此，陆游特别在家训中提出了交友的原则：要交那些优质的朋友，能够精神契合、能够相互激励的，要尽量结交，一旦错过就是人生憾事；与朋友结交，一定要保持谦逊的作风，不能因身份地位高低而厚此薄彼，攀附倾轧。在交友中，如果做不到这两点，那结交下来的估计就是浮华之人了，这种友谊只重表面虚荣，目的是攀权附贵，作为则是争强斗富，最终相互拉扯着都滑入道德乃至生活的泥淖中，失去本该拥有的美好品性。

陆游历经宦海沉浮，起起落落几十年，当然是非常明白“由俭入奢易，由奢入俭难”的道理，所以，他在对家人的教导中特别强调要时刻提醒自己保持节俭的本色，不因富贵而忘形，不因贫贱而怨怼，节制欲望，勿友浮华，在节俭的生活本色中，培养美好的节操。因为只有这样，才能够在严酷、不测的生活中保持自己本来的志向，在困厄的境遇中不失自己应有的气节：“吾侪穷死从来事，敢变胸中百炼刚。”陆游也把这种期待写入了一首《示儿》中，诗中写道：

斥逐襆被归，招唤振衣起；此是鄙夫事，学者那得尔。
前年还东时，指心誓江水。亦知食不足，但有饿而死。
小儿教汝书，不用日十纸；字字讲声形，仍要身践履。
果能称善人，便可老乡里。勿言五鼎养，肉食吾所鄙。

陆游正是通过这样的家庭训诫和诗歌的传达，将节俭以养德的理念灌注于自己的生活，也融汇于对家人点滴的教诲。他的儿子们也多是按照父亲的嘱托与家风的规范行事，能够以简朴的生活方式修养自己的德行，面对物欲、权利的诱惑与威胁，虽然也会有动摇，但不至于过分丧失自己的气节而遭世人唾弃。

三、“出师一表真名世，千载谁堪伯仲间”

陆游出生于官宦世家，他虽然一再强调自己的家族以耕读为业，不当官是上上策，但是他也深知，自己以及自己的子孙很大程度上是摆脱不了科举入仕的人生道路的。那么，要考虑的问题就是为官的目的、行为和宗旨。陆游在家训和给儿子们的诗歌中，提到了很多为官的内容，总结起来，主要集中在两个方面：体恤民众与报效国家。

从陆游的为官生涯来看，虽然一路坎坷，当的官不大，拥有实权的机会也不多，但是只要在任，他总是能够体恤民情，造福一方百姓。1179年，陆游由宋孝宗委派，主管福建、江西的盐茶税务工作，任地抚州。到任之后，陆游发现当地的一大问题是茶户、盐户大量破产，走私盐茶情况恶劣，甚至有的破产户聚众闹事。于是，关于盐茶两税的纠纷、诉讼闹得沸沸扬扬，地方官一般采用的方法就是大兴刑狱，以严酷的惩罚来弹压百姓。陆游深度走访，发现这里边的症结是：一方面南宋盐茶官卖后，大量以此为业的百姓失去生活依靠；另一方面，地方官员并没有考虑到百姓生活的实情，还是一味地强征暴敛，甚至向已经破产的百姓征收高额税收，以满足一己私欲。其实，这些早不是什么秘密，只是南宋官场官官相护，没有人愿意为民请命罢了。陆游却不同，他一面上书朝廷请求减免百姓税负，一面弹劾不法官员，决心为百姓谋一丝生机，给腐败官员一个惩戒。这虽然不能够从根本上解决南宋百姓的悲惨境地，但是也能够缓和矛盾，给百姓们一个喘息的机会。

次年春末，抚州所辖各县普降大雨，导致山洪暴发，大量田地被淹，一时间，原本就为生计挣扎的百姓流离失所，州府境内民不聊生、饿殍遍野。陆游极为深切地关注灾民生活，他一方面组织人力物力投入到灾情救援当中，另一方面紧急上书朝廷，请求开义仓赈济灾民。义仓制度是由隋朝创立而沿袭下来的一种赈灾制度，朝廷在各地设置粮仓，丰年存储，遇到突发事件就开仓应急。但是，开不开仓，何时开仓，都要请示朝廷，地方官员没有权力决定。奏折上去之后，陆游感到灾情如火，民生虚弱到了极点。他深感此时粮食就是人命，早一刻放粮，就多救些百姓。但他也深知朝廷的义仓制度之严格，没有诏令私开义仓是要被弹劾的。抉择关头，他没有等朝廷的诏令，就选择了开仓放粮。灾民得到赈济后，他又深入各地，了解灾情。果不其然，正当他为百姓奔走之际，已经有政敌上书弹劾他私开义仓，朝廷一纸诏书，敕令陆游从赈灾的前线返回朝堂待办。这或许是陆游意料之中的事情，但是在个人官场前途与拯救百姓于水火之间，他还是选择了后者。

更可贵的是，陆游知道大灾之后必有大疫，临行之时，他又四方搜集多个防治瘟疫的药方并汇编成册，留给当地民众使用。可是，这份体恤民众的拳拳之心，换来的则是屡遭弹劾，再三被贬。几十年的宦海沉浮，陆游当然知道所谓的为官之道，但他依然把体恤百姓看作为官的首要任务，而在儿子们上任为官的时候，他也是按照这种理念进行教导，其中最有名的，就是写给次子陆子龙的《送子龙赴吉州掾》。诗中有这样的句子："判司比唐时，犹幸免笞棰。庭参亦何辱，负职乃可耻。汝为吉州吏，但饮吉州水。一钱亦分明，谁能肆谗毁？"这几句的意思，就是让儿子为官时要秉公、谨慎，不计个人得失荣辱，要做称职的好官。尤其"汝为吉州吏，但饮吉州水"一句，在中国古代，向来都是强调官的尊严、官的威望，把官当成百姓的父母，但这句诗，隐含着让儿子明白，到吉州为官，喝的就是吉州的水，是吉州的百姓在奉养着他的意思。为官当然要清廉、体恤民情了，陆游亲身垂范，加之诗文教育，在几个孩子的为官之途中起到了很好的指引作用。

陆游为官的另一个宗旨就是报效国家。南宋是一个内忧外患的朝廷，整体上看，统治阶层多是奉行着对外屈服、对内压榨的策略，以大量的岁币贿赂虎视眈眈的金国，以求苟合偏安。这样的主政思想，对有强烈爱国情怀的仁人志士来说，简直难以忍受。他们不管是在朝堂之上，还是在山野之间，都奔走呼告，希望能够整饬朝纲，光复北方领土，一雪靖康之耻，因此即使屡遭排挤、弹劾、弃用，甚至陷害，都矢志不渝。陆游就是其中的典范。

陆游经历了靖康之耻，随父亲逃到了江南，从小耳濡目染的是战败的屈辱、百姓的离散与父辈的忧愤，因此，他自小就有"上马击狂胡，下马草军书"的爱国情怀，入仕的最大心愿就是实现北伐理想，光复故土，洗刷金人给国家带来的耻辱。上文提到，科举考试时因为主战，他得罪秦桧，被压制了十几年。秦桧死后，他得以入朝为官，拥护抗金名将张浚，依然主张北伐，因此受到主和派弹劾，说他"鼓唱是非，力说张浚用兵"，由此被罢官外放。又是十几年的蹉跎，几经波折，将近五十岁，陆游才迎来了施展抱负的机会。他应邀加入四川宣抚使王炎的幕府，随军开赴渭南前线，戍卫大散关。

军旅之中，他主要负责辎重、勘察等工作，年近五十的陆游怀着极大的热情，跋涉在渭南的崇山峻岭之间，不辞劳苦，积极备战。同时，他还受王炎的委托，写下了抗金方略《平戎策》，主张先取长安，再伺机北进。但是，他的《平戎策》并没有得到朝廷的认可，仅仅八个月之后，王炎幕府解散，陆游被调往后方。这是他唯一一次实现梦想的机会，那么切近，又那么短暂。在主和派的打击下，陆游的一腔热血终于还是化为遗憾，报国情怀再次空置。这段日子却成为后来陆游魂牵梦萦的时光，在他的诗歌中不断回溯，这也让他的报国情怀力透纸背，把抱负、愤恨、遗憾、热切、爱憎、唏嘘都写进诗歌中，让他的诗名享盛誉于当时，也让这份爱国情怀口口相传、心心相印，以至爱与至美的形式，融入我们文化的血脉。当然，在这种传播与影响中，首先受益的就是他的家人。爱国情怀，当然也就不言而喻地成了陆游对家人心灵与情感的教化。

“死去元知万事空，但悲不见九州同。王师北定中原日，家祭无忘告乃翁。”相信读到这首《示儿》的人，无论何时、何地，都会在内心涌起浓烈的爱国情怀。一个老父亲，皓发衰容，生命即将迈向终结的时候向儿子诉说自己近一个世纪的生命中唯一的悲痛，他是多么绝望，又是多么不甘啊！谁能不震撼于如此简单、直接的生命的绝响。将这样的教益写入书册、响在耳畔、记于心间，陆游的子孙后代，但凡感念父祖之时，爱国之情也一定油然而生，壮怀激烈。事实也确如此。

后来，陆游去世之后第六十九年，蒙宋之间最后一战崖山海战爆发。据传，陆游的玄孙陆天琪就在其中，他实现了陆游杀敌报国的理想，最终蹈海自尽，壮烈殉国。南宋灭亡的消息传出，陆游的孙子陆元廷、曾孙陆传义，也都忧愤而死。有元一代，陆家人多隐遁山林，少有人接受元朝的征召出来做官。可以说，在陆游爱国精神的感召之下，陆家世代都把爱国情怀看作人生的重大信条，当然，这也是中华民族优秀的精神品质。

“为贫出仕退为农，二百年来世世同。富贵苟求终近祸，汝曹切勿坠家风。”这是陆游又一首写给子孙后代的诗，叫作《示子孙》。二十八个字，质朴直接，用一种看透世事沧桑的口吻，综合陆氏二百多年间家族的兴衰荣辱，向子孙后代发出警示。为农、为官都是人间固有的循环，没有任何新意。富贵荣耀的追求，总是伴随着灾祸的威胁，这些都不重要，作为陆氏子孙，最要铭记的就是无论身处何地、何种境遇，都不要忘记家风，不要滑入人格的堕落。而这种家庭的教诲，就是以耕读传承高洁的理想，以俭朴涵养人生的美德，有力为官则体恤百姓，身份卑微也要心怀爱国的情怀。唯有做到这些，才能成为一个有志向、有德行、有胸怀的人，才能不枉为陆氏子孙。

第十五章

朱熹：读书循理习礼义

处世无私仇，治家无私法。勿损人而利己，勿妒贤而嫉能。勿称忿而报横逆，勿非礼而害物命。见不义之财勿取，遇合理之事则从。诗书不可不读，礼义不可不知。子孙不可不教，童仆不可不恤。斯文不可不敬，患难不可不扶。守我之分者，礼也；听我之命者，天也。人能如是，天必相之。此乃日用常行之道，若衣服之于身体，饮食之于口腹，不可一日无也，可不慎哉！

——朱熹《朱子家训》

朱熹，世称朱子，宋代理学家，儒学集大成者。他承北宋周敦颐、二程（程颢、程颐）的学术，将理学（或道学）发扬光大。他注释的儒学经书，在元朝被确立为科举考试的标准，使儒学成为封建社会统治秩序的精神支柱，故有人将中国思想总结为“前有孔夫子，后有朱文公”。朱熹的思想，不仅吸收了北宋道学家的精华，还涉及各代儒家经典，全祖望评价他“致广大，尽精微，综罗百代”。朱熹作为中国著名的思想家、哲学家、教育家，以他为代表的理学思想至今在中国社会、东亚各国乃至世界华人社会还有着相当大的影响。在仕途方面，作为一个有担当的士大夫，朱熹在朝堂直言不讳地指陈时弊，在地方任上则洗刷陋俗、革除乱政。因此他得罪了许多官僚，做官没多久便被罢免，所谓“登第五十年，仕于外者仅九考，立朝才四十日”（在朝廷中才当了四十天的官）。朱熹死后，越来越多的人认识到他的价值。他不仅学识渊博、思想精深，在治家方面也可称为世人榜样，他的治家格言非常有名，现在仍被许多人所尊奉，如：“读书起家之本，循理保家之本，和顺齐家之本，勤俭治家之本。”

一、“读书起家之本”

中国有一句古话，为许多家庭所传诵：“忠厚传家久，诗书继世长。”大家族衣食无忧，要维持兴盛，自然需要诗礼传家；小家庭即便经济能力有限，也知道文化的重要性，耕读传家。诗书，代表着文化传承，代表着理性和教养。旧社会人们读书，不可否认有获得功名以跻身社会上层的需要，但更是为了培养教养和品德，为家庭带来荣誉与幸福。朱熹一生，以读书起家，以读书传家，以注书影响后世。

朱熹从小便喜欢读书。他父亲朱松是当时著名的饱学之士，十分注重对孩子的教育。朱熹五岁便能读《孝经》，并在书上写下了“若不如此，便不成人”几个字。六岁的时候，他和一群小伙伴去河滩边玩耍。其他小朋友要么蹚水，要么堆泥巴、抓小鱼，只有朱熹蹲在一片平整的河滩上画着稀奇古怪的符号。朱松过来一看，大为吃惊，朱熹画的竟然是八卦。《周易》中的八卦被称为最深奥的经典，朱熹六岁时便能画出八卦的符号，可见他的聪敏和勤奋。他还常常思考一些深奥的问题。当时人们朴素地认为天圆地方，地有四个边，年幼的朱熹就想：天地之外又是什么呢？一间房子有四壁，墙壁后面有另外一重空间——那么天地边际之外呢？他冥思苦想，不得其解，差点都生病了。朱松看到劲头不对，便加以阻止，但这些“大问题”一直萦绕在朱熹心头，最后终于成就了他关于天理、太极的学说。

人的一生有三种导师：父母、师友和古人。朱熹少年时期是不幸的，因为他的父亲朱松作为理学名臣，与朋友一起上书，激烈地反对企图与金人议和以求暂时之安的勾当，这触怒了宋高宗和秦桧，于是朱松一再受到贬黜，最后死在贬去饶州的路上。当时朱熹才十三岁。年幼丧父，少了很多来自父亲的教诲，这是一种不幸。但朱松对朱熹十三年的教导，以及自己做人、做事的高风亮节，一直影响和鼓励着朱熹。朱松在临死前，将儿子托付给自己最交心的几位朋友——五夫的刘子羽、刘勉之等人。刘子羽抚养和教育朱熹，视如己出；刘勉之把女儿许配给了朱熹。现在武夷山市的五夫镇，还有不少当时朱熹生活的遗迹。

除了自己的师友之外，朱松留给朱熹最宝贵的遗产就是读书。读书，即以古人为师友。朱熹本来就性格沉稳、心思缜密，是读书的好苗子。父亲既亡，朱熹开始博览古代经典，向古圣贤学习。他不仅熟读六经，还泛读百家、出入佛老。十八岁时，他书包里揣着一本大慧宗杲禅师的语录，他按照里面的一些思路去答题，因此中了进士。由此可见朱熹的聪敏以及读书的效果。

朱熹读书并不是为了获得科举考试的成功，以便升官发财，而是为了追求智慧和德性的提升。朱熹幼年时对于宇宙、人生的思考一直伴随着他读书的过程，为此他阅读了许多道教、佛教的著作。他中举后被授予同安县主簿，仍然保持读书和思考的习惯。在赴任的路上，他遇到了对他思想的转型产生过重要作用的关键人物——李延平。李延平是二程的二传弟子，朱熹跟随李延平学习，渐渐地认识到儒家之道乃是人生的根本道理，他从道家和佛教转向了儒家。这时再读六经，朱熹感觉到越来越有味道，以前不明白的地方，也渐渐能理解得通了。

朱熹认为，对于家庭和国家来说，其稳定与发展的关键是人，是德才兼备的人，而想要人德才兼备，则需重视教育。因此他无意于仕途，一心一意从事教育工作，参与民间书院的建设。朱熹知南康军时，有意振兴当地教育，修复了白鹿洞书院。为了抓好教学质量，他亲自任院长和导师，采取面向社会公开招募的办法吸引学生。当时的书院，不少是为了科举考试而兴办，但朱熹的教育目标则是要把学生培育成君子。他邀请了当时的名儒吕祖谦参与书院建设，又请陆九渊来讲学。陆九渊讲了《论语》的“君子喻于义，小人喻于利”一节，令当时的学生大为震动，由此可以看到白鹿洞书院的教学宗旨和质量。朱熹的儿子朱在，非常重视父亲传下的这一遗产，朱在于此地任官时，进一步扩大了书院的规模。

吕祖谦、朱熹、张栻当时号称“东南三贤”，朱熹为了精进学问，常常与他们论学，而陆九渊也时常与朱熹互相辩难。他们的弟子们，也都有交流。他们不仅共同致力于教育事业，还积极从事著述和出版。特别是朱熹，穷其一生的精力来注释经典，他于《周易》有《周易本义》《易学启蒙》，于《诗经》有《诗集传》，于礼学有《仪礼经传通解》《家礼》，于史学有《资治通鉴纲目》，于文章学有《楚辞集注》，于道教有《周易参同契考异》。为了方便学生学习，他与吕祖谦选编北宋理学家语录写成《近思录》，这本书现在仍然是理学和儒学的入门书。据记载，朱熹临死的前三天，还在修改《大学》“诚意”章的注解。他说注解《大学》时，每写下一个字，就好像在秤上称过一样，不容一分一毫的偏差。

历史上，以遍注群经著称的有两个人，一个是东汉末年的郑玄，另一个就是朱熹。郑玄影响了自东汉末年至唐代的学术文化，朱熹影响了自宋末至清代的学术文化。人们称赞郑玄“囊括大典，网罗众家”，称赞朱熹“致广大，尽精微，综罗百代”。这两个读书的巨人，以诗书传家，都取得了非常好的效果。《世说新语》记载，郑玄家连仆从都十分有文化。有次一位仆人因为犯错顶嘴被推在泥地上，另一位仆人询问说“胡为乎泥中”（为何在泥地里），这位仆人则回答“薄言往诉，逢彼之怒”（想要申诉辩解，恰恰碰到他在气头上）。两个人都是引用《诗经》中的句子来对答，郑玄举家的文化水平之高可见一斑。朱熹则教导子孙说：“诗书不可不读，礼义不可不知。”他有首题为《观书有感》的诗非常有名：“半亩方塘一鉴开，天光云影共徘徊。问渠那得清如许？为有源头活水来。”这首诗以巧妙的比喻告诉后辈，唯有不断读书，吸收新的知识，才能使思想保持活跃、澄明。朱熹所选编的书籍以及自己的著作，是全世界的文化遗产，“读书起家之本”的家风，也为他的家族所重视、传承。

二、“循理保家之本”

人们都渴望家庭和家族和谐美满，并且保持世代繁荣，简言之，即“保家”。保家并不容易。孟子说：“君子之泽，五世而斩。”在历史和现实中，能保持当世家族之繁荣不败，就已经很不容易了，更何况传之久远呢。朱熹对于如何保家有十分明确的观点：循理保家之本。

这里的“理”，不是一般的道理，而是与朱熹整个理学学说联系在一起的天理。朱熹认为，这个世界的运行有一定的秩序，人类社会和历史的发展也是如此，这就是天理。循理是保家之本，而伤天害理则是祸家之源。具体如何循理呢？朱熹在家训中有一段话：

君之所贵者，仁也。臣之所贵者，忠也。父之所贵者，慈也。子之所贵者，孝也。兄之所贵者，友也。弟之所贵者，恭也。夫之所贵者，和也。妇之所贵者，柔也。事师长贵乎礼也，交朋友贵乎信也。

这段家训涉及传统社会主要的伦理关系——“五伦”，即君臣、父子、兄弟、夫妇、朋友。其中有关家庭的伦理，是父子、兄弟、夫妇。家庭是社会的核心，君臣从父子引申出来，朋友从兄弟引申出来。他认为，能把君臣、父子、兄弟、夫妇、朋友这五种关系处理好，就基本达到了循理的要求，从而可以保家。

我们通过朱氏家族的几个故事，看看循理到底能否保家。

前面提到过，朱熹的父亲朱松，乃是当时的正直之臣，他的言行都循乎理。出于对国家和百姓义不容辞的责任，朱松反对绍兴和议，因而触怒了宋高宗和秦桧，被贬为江西饶州知州，然而未到任就病逝。朱熹当时还很小，朱松只好在临终前将其托付给好友抚养。朱松看似因其正直，落得这样的下场，但也正是因为正直，朱松才能交到真正的朋友，朱熹才能得到尽心的抚养和教育；也正因朱松是正直之臣，虽一时被贬，但于心无愧，世人最终能知道他的清白，从而不会辱没朱家先人，也不会让后代背上骂名。对于朱熹来说，朱松一直是他的精神宝库。反观秦桧，到现在还有跪像在西湖的岳飞墓旁，到底哪个才能保家，一目了然。

再看朱熹。他一生正道直行，光明磊落。当时朝政疲沓，周必大、杨万里等推荐朱熹为江西提刑，先入朝奏事。本来奏事可以写一些虚话，朱熹却认真地写了数道劄子（注：奏章的一种），其中第五道劄子告诫皇帝要正心诚意，这使得宋孝宗极为不悦。这时王淮的党羽林栗等趁机奏劾朱熹，于是朱熹离开了朝廷，去往武夷山继续教书。戊申岁，朱熹又接到任命，这时他向皇帝投递了一道奏疏，此即著名的《戊申封事》。在这里面，他直接指出皇帝“正心诚意”做得不够好，包括心不正、家不正、左右不正等。这样的奏折，不仅得罪了皇帝，还把许多权臣得罪了。好在皇帝并非昏君，一口气读完这道万言奏疏，非常震动，第二天命朱熹为崇政殿说书。但朱熹知道其中艰险，便再三辞去了这个职务。此时，大宋的江山已经到了宋光宗赵惇手上。因为周围小人的挑唆，光宗与其父孝宗不和。又因皇后悍妒狠戾，残害其他妃嫔，导致光宗受到惊吓，精神倦怠。孝宗死时，光宗也不主丧。这就是家道不正带来的祸患。

光宗无意于帝位，于是“内禅”给宁宗赵扩。此时是韩侂胄与赵汝愚辅政。赵汝愚亲近道学之士，朱熹此时也被新皇帝提拔为焕章阁侍制。他满心希望可以为君主讲学，以实现理学家的政治理想。然而赵扩只是因初登基，欲利用朱熹道学宗主的地位来笼络人心而已。及至地位稳定，他再也受不了朱熹对他讲的那些道理，并且讨厌朱熹对他的政令指手画脚。故赵扩联合韩侂胄，将朱熹改派他职，调离京城。赵汝愚也被贬谪到永州，经过衡阳时生病，并遭到韩侂胄爪牙的羞辱，含愤而卒。朱熹并不因此而畏惧，他依旧读书、教学。然而更大的灾殃是当时许多人诋毁道学为伪学，指斥道学阵营的官员、学生为伪党，极力建言要禁绝伪学。这对于一个以正心、修身、循理为宗旨的思想领袖来说打击更大。面对这些毫无道理的污蔑和攻击，朱熹用嘲讽的语气写了一道谢表，把罪行一股脑承担下来——这颇有名士之风，但这里面，也饱含愤懑与无奈。

庆元三年（1197年），他学生兼好友蔡元定被贬至道州。此后，朝廷对道学的迫害达到顶峰。当时宁宗下令，官员任职升迁都要申明自己不是伪学之人，参加秋试的学子必须在家状上注明自己不是伪学。众多道学派系的官员遭到罢黜，有些为了自保甚至开始故意放浪形骸。十二月，朝廷开列了一份五十九人的伪逆党籍，此即“庆元党禁”。

当时有不少弟子劝朱熹解散精舍以避祸，朱熹说：“然得某壁立万仞，岂不益为吾道之光。”这是何等的壮阔！其浩然之气，可比肩孟子。此后的朱熹，仍然著述、讲学不辍，直至庆元六年（1200年）去世。

朱熹去世的时候，“庆元党禁”仍没有解除，似乎一生循理的朱熹让家庭陷入了危机，循理也无法保家。但貌似胜利的韩侂胄等人，下场又是如何呢？韩侂胄为了证明自己的能力，草草北伐，最终失利。为平息金人的愤怒，韩侂胄被密谋杀害，首级被送给金人。朱熹虽被贬，但能淡泊处之，泰然面对，不改素志。世人终归看到了他的诚正和他思想的光芒。宋理宗即位，开始为朱熹平反，并使诸多道学家陪祀孔庙。朱熹的后代，也多遵循其教诲，人丁越来越兴旺。“循理保家之本”，岂虚言哉！

三、“和顺齐家之本”

大多人提到朱熹，提到程朱理学，会联想到“存天理，灭人欲”，会联想到“饿死事小，失节事大”，如果用来齐家的话，这些理论看似是“吃人”的压制，但是事实上，理学是严肃而不失活泼、正大而富于灵动的，在家庭的基本问题上也是如此。朱熹的“和顺齐家之本”可以作为代表。

首先我们看一下与家庭有关的“饿死事小，失节事大”。这句话不仅是针对家庭中的女性，对男子也是同样的要求。作为一个士人，要用严格的标准要求自己。讲信义，就是“节”之一种。或者说，“饿死事小，失信事大”正是“饿死事小，失节事大”的具体表现。如此，才能真正理解何为“失节事大”。当然，不可否认的是，古代的一部分人在具体强调这个道理时，往往以之要求别人而非自己——这正与理学家严于律己、宽以待人的精神相反；又有些人会专门针对女性强调这一点，似乎这一条是专门为女性而设，这便对理学产生了误解。

与之相关的便是寡妇再嫁问题。“饿死事小，失节事大”的具体语境，就是关于寡妇再嫁的问题，但程颐家便有再嫁的事情。程颐的父亲程珦，他的堂姐丧夫，生活无着落，程珦便把堂姐及其子女接到程家照顾——并没有让其死守在夫家。堂姐的女儿后来嫁人，也不久丧夫，程珦便又将其接回来，然后寻找机会帮侄女再嫁。

有趣的是，朱熹、吕祖谦选编的《近思录》，将“饿死事小，失节事大”

和程珦为侄女再嫁的追述选录了进去。这说明朱熹本人也不反对寡妇再嫁。朱熹具体是如何做的呢？据记载，福建建阳的某户人家，因丈夫不会经营家庭而穷困潦倒，妻子的娘家人便告到官府，要求离婚。县令判决离婚，朱熹的弟子赵师夏不理解，觉得夫妇间不当因贫困而相抛弃。但是朱熹的回答很开明，“这似不可拘以大义”，认为判离婚是可以的。“不再嫁”是一个比较苛刻的要求，对于老百姓来说，则不必如此严格。比如寡妇带着孩子，生活无着，那个时代，妇女很少具有自己的经济来源，自然可以改嫁。但如果有人愿意守节，当然是值得尊敬的。

在现代社会，家庭中的“节”可以扩大到夫妻双方。婚姻是神圣的，是双方在自愿的前提下结合成的命运共同体。双方都有义务相互忠诚，相互尊重。因为性格、兴趣、观念等的差别，夫妻偶尔有矛盾，也是可以通过平等协商的方式来包容和解决。

朱熹在家训中说父慈、子孝、兄友、弟恭、夫和、妇柔，提倡家庭和顺。慈、孝、和、柔等都是柔性的而不是刚性的。狂暴之夫与悍妒之妇，对于家庭来说都是不可取的。朱熹本人就是一个威严而不失慈祥的父亲，在他给儿子的信中有这样一段话：

盖汝好学，在家足可读书作文、讲明义理，不待远离膝下，千里从师。汝既不能如此，即是自不好学，已无可望之理。然今遣汝者，恐汝在家汩于俗务，不得专意。又父子之间，不欲昼夜督责。及无朋友闻见，故令汝一行。汝若到彼，能奋然有为，力改故习，一味勤谨，则吾犹有望。不然，则徒劳费，只与在家一般，他日归来，又只是伎俩人物，不知汝将何面目归见父母亲戚乡党故旧耶？念之！念之！“夙兴夜寐，无忝尔所生。”在此一行，千万努力。

朱熹在这封信中对儿子说，要送他去朋友那里接受教育是为了避免父子之间“昼夜督责”。教育的本质是使孩子“成人”，其中不免需要威严和督责，父子之间督责过多，未免伤情，所以古人有“易子而教”的做法。此信中，朱子对儿子的温情跃然纸上。

朱熹也是一个好丈夫。他对自己的要求极为严格，反对当时士大夫的纳妾、狎妓等行为。朱熹是被父亲的友人抚养成人的，其中的刘勉之，将女儿嫁给朱熹，夫妻两人相敬如宾。妻子死后，他十分伤心，一直独身至老死。当然这里还有几个问题要澄清，所谓朱熹纳尼姑为妾等传闻，完全是胡纮、沈继祖等人为污蔑朱熹所造的谣。为了实行儒家教化，朱熹曾在做地方官时勒令许多僧尼还俗。这大概给许多人夸大事实提供了空间。

朱熹一家也是和顺的典范，他与妻子育有三男五女。长子朱塾早折，季子朱在后来任至提举两浙西路常平茶盐公事。孙子辈有七人。此后，朱熹一支繁衍不绝。今日的朱氏宗亲联谊会，致力于推广朱子文化，在全球范围内仍相当有影响力。

四、“勤俭治家之本”

朱熹的一生是清贫的。其父朱松作为一个清廉正直的官员，没有给朱熹留下什么良田美宅和金银珠宝。朱松死后，朱熹被送到五夫，由父亲的友人刘子羽照顾。朱熹在五夫的生活虽然还算优裕，但也并非大富大贵。连他娶妻，都是他的岳父操办的。幼年和少年时期的教育以及生活环境，使朱熹养成了勤劳、谨慎、俭朴的品质，并将之传承为家风。

考中进士后，朱熹的生活仍然不宽裕。他得到的第一个官职是同安县主簿，俸禄很低。他又不热衷于敛财，整个仕宦生涯“登第五十年，仕于外者仅九考，立朝才四十日”。宋代对待官员有一种特殊的制度，如果官员不愿意从事繁杂的事务，朝廷可以委派他去管理一个地方的寺庙或道观。这是一种十分清闲的职位，但薪水也不高。朱熹不在乎这些，他调任这种官职后，把主要的精力都放到研究学问、教育学生上来。他招收学生，也不是为了盈利或敛财，而是为了振奋士风、传承道统。

勤俭，并不仅仅因为经济的拮据，也是出于提升自身的需要，是一种修养、品德。《左传》载："俭，德之共也；侈，恶之大也。"司马光在其家训名篇《训俭示康》中还专门引用这句话。朱熹更是将这种品德与天理联系起来。奢侈，意味着人欲的肆虐。朱熹说过一句有名的话："饮食者，天理也；要求美味，人欲也。"当然，需要辨别的是，"灭人欲"并不是消除我们的欲望，而是让我们克制不合理的欲望。其实孔子早就说过这个道理，人们一般认为儒家提倡厚葬，但《礼记·檀弓》中记载，子游请教孔子关于丧葬的用具时，孔子回答说"称家之有无"，就是要符合家庭的经济条件。对于个人来说，过度追求物质的奢侈，会丧失斗志，妨碍对高雅之事的追求；对于一个家庭来说，追求奢侈，家庭就会出现经济问题，家庭成员也会出现纷争。

朱熹勤俭到什么程度呢？史书记载，他在武夷山教书的时候，建造的武夷精舍，就是弟子们自己动手完成的。有位诗人在给朱熹弟子的诗中说："闻说平生辅汉卿，武夷山下啜残羹。"可见生活之清苦。史书还记载，朱熹常常带着家人和学生一起吃脱粟饭，茄子成熟的时候，就把它做成酱菜来吃。一般来说，"脱粟"是指仅仅去了皮壳，没有经过精细加工的粗米。这脱粟饭，大概相当于糙米饭。今天我们觉得糙米营养丰富，但若将糙米饭作为主要乃至唯一的食物，是很难下咽的，古时候一般穷人家才只吃这个。朱熹却带着学生天天吃，他不仅平时这样吃，待客也是如此，还因此得罪了人。

事情是这样的，有位叫胡纮的年轻人，听说朱熹名气很大，学问很高，便去武夷山拜访。朱熹用平时的食物来招待——自然就是与平常一样吃脱粟饭了。胡纮觉得自己没被重视，抱怨说，这个朱先生也太不懂人情世故了，我大老远来看你，你却只让我吃糙米饭。你在山里再穷，杀只鸡，喝杯酒总是能招待得起吧！其实他不知道，朱熹办武夷精舍，费用上主要靠自己做祠官的俸禄，当然不能随便拿酒拿肉出来招待。要知道，和朱熹颇为交好的辛弃疾来访，朱熹也只以煮豆子下酒来接待而已。然而胡纮并不理会这些，他离开后，十分记恨，并借韩侂胄用事，排挤贤相赵汝愚，弹劾诬陷了朱熹。

朱熹不仅自己和学生非常俭朴，他也教育子女要俭朴。他的择婿标准不是看对方的钱财和权势，而是观察其才能。这是儒家提倡的美德。《论语》记载，公冶长坐过牢，但孔子知道公冶长是被冤枉的，其本性聪明正直，所以孔子把自己的女儿许配给他。我们前面说到朱熹遍注群经，唯独没注释《尚书》，因为朱熹确实没来得及注释，这个工作是由蔡沈作《书集传》来完成的；他的《仪礼经传通解》也没做完，是由黄幹续注完成的。这两个人，不仅是朱熹的学生，还是他的女婿，他们当时都很穷困，尤其是蔡沈。有一次，朱熹去找蔡沈讨论学问，恰巧蔡沈不在家，女儿便招待父亲。当时蔡家十分贫寒，只有葱与小麦，女儿做了葱汤和麦饭来招待父亲。新熟的麦子，尚软嫩可口；而已干燥的麦子，即使泡了蒸煮，也并不那么好下咽。历史上就有人说，豆饭和麦饭都是穷人吃的东西。女儿家贫穷，只能做这种饭，因此女儿十分羞愧，以至于流涕。但对于早已吃惯脱粟饭的朱熹来说，并不以为意。其实即使朱熹在家中吃的是珍馐，到了女婿家而吃麦饭，也不会介意，他仍是要教导女儿和女婿安守本分、勤俭持家。朱熹当时就留了一首诗："葱汤麦饭两相宜，葱补丹田麦疗饥。莫谓此中滋味薄，前村还有未炊时。"葱汤、麦饭、脱粟饭、野蔬，都是滋味非常寡淡的饮食。朱熹教导子女只有勤俭持家，家族才能长久绵延。

我们通过以上故事，介绍了朱熹二十四字治家格言的具体内涵，也涉及了三百余字的家训内容。这些家训，可谓字字珠玑，在家训的末尾，朱熹说道："守我之分者，礼也；听我之命者，天也。人能如是，天必相之。此乃日用常行之道，若衣服之于身体，饮食之于口腹，不可一日无也，可不慎哉！"这是多么朴实而有力量的语言，朱熹的家族和后代，至今犹秉承这些家训。朱熹的家训对于我们整个中华民族而言，也都是一笔宝贵的遗产。

第十六章

吕坤：立身行己，德泽教化

诱掖、奖劝、提撕、警觉、涵育、熏陶、鼓舞、兴作。

——吕坤的「教人十六字」

自古能在文学、思想、政治等方面有杰出成绩者众多，然而能同时在家庭教育理论和实践方面有卓著成就者很少，吕坤就是其中耀眼的一位。

吕坤，字叔简，一字心吾（或新吾），自号抱独居士，明代河南归德府宁陵（今河南商丘宁陵）人。吕坤自幼好学，嘉靖四十年（1561年）中河南乡试第三，万历二年（1574年）殿试中三甲，同赐进士出身，官至刑部侍郎。吕坤从政三十余年，据史料记载，他是一位公正严明、心系百姓、忧国忧民的官员，是万历朝“天下三大贤”之一，他曾说：“天之生民，非为君也；天之立君，以为民也。奈何以我病百姓！”（《呻吟语·治道》）六十一岁时，吕坤称病辞官回家，从此著书立说、教书育人，直到八十二岁卒于故里。

吕坤留下了《去伪斋文集》《呻吟语》《实政录》《四礼翼》《四礼疑》《闺范》《演小儿语》《续小儿语》《黄帝阴符经注》等多种论著，对中国古代家风、家教、治家思想有十分丰富、精练、深刻的阐述和总结。吕氏一族的发展历程，体现了中国传统家风的巨大影响力和指导意义：吕氏兴起与其“处身要俭，与人要丰”的理念紧密相关；在吕坤看来，家庭治理之要在于“尊长自修”，这也是吕坤家风家教的核心思想；吕得胜、吕坤父子二人善于总结家风家教经验，通俗劝世，时人评价吕坤在“乡党有德泽教化，言为人师，行为人法”。

一、“处身要俭，与人要丰”

吕氏家族本非河南宁陵人，在元代以前居洛阳，有先祖名黑厮者种菜于新安之水南寨，洪武二年（1369年）以报告匪寇有功，得到朱元璋的嘉奖，却不贪功名，受赐花银一斤，而后于洪武三年（1370年）因为兵乱迁徙至宁陵。

此后，吕氏一族在宁陵生根发芽，不过在很长时间里都是普通百姓，家里没有登科第、通仕籍的人，吕坤考取进士的时候，户籍还记载为匠籍。在吕坤的父亲一代，吕氏家业已经较为富足了，吕坤奉父亲吕得胜之命所作《知足说自警》记载："吾当古八口之家者二，而有田二千亩，岁丰可入五百石。……妻子有衣帛食肉者，仆无冻馁者。客至有可以供宴乐之需者。"（《去伪斋文集》）实际上，这样的家庭在当时虽称得上富有，但家财只是胜过普通老百姓家庭，不过是一般的地主和地位较低的工匠。值得称道的是，吕氏家风却显出不同，他们不仅善待家仆宾朋，还乐善好施，救助缺衣少食的穷苦之人，维持好和官府吏卒的关系——"冻者、馁者号其前，有可以遂吾不忍之心者，隶卒无叫号其门者"（《去伪斋文集》）。

这一段有关吕氏家族背景的记载显示，吕得胜时期是吕家从一般地主和普通老百姓之家到吕坤一辈实现社会阶层大跨越的重要基础。衣食富足很大程度上能够保证全家较好的生活条件，还可以支持吕坤兄弟读书，保障其一心求学和参加科举考试，从而改变家庭当时的社会地位。更重要的是，吕家虽富足，但保持朴素仁善的作风，这无论在古代还是当今社会都是难能可贵的，并且在这样的良善之家成长起来的吕氏兄弟，必然能受到良好的熏陶，为吕家家风养成和日后人才迭出奠定基础。

从吕坤平生表现来看，他深受其益，即便是官至山西按察使也没有忘记家训，秉公施政、大行教化。为更好地说服、吸引、教育民众，万历十九年（1591年），他在山西太原城内较为繁华的城隍庙立了《近溪隐君家训碑》。其中提出"处身要俭，与人要丰"，言道："尤可戒者，奢侈一节。今人劳作无益，只图看相强。似费了财帛夸俗人眼目，不如拿些钱粮救穷汉性命。锦上添花何用？彼冬无破絮者天地生灵。案前积肉何为？彼日无饱糠者皆同胞赤子。看那悭吝攒钱之人，生骄奢破家之子。"吕坤以此告诫民众要保持勤俭本色，不可奢侈铺张、夸耀财帛、悭吝不仁，应当救助穷困者，认识到天下缺衣少食之人也是自己的同胞兄弟，这样才能使得家庭兴旺，避免误导子弟，毕竟骄奢淫逸之家多生败儿，不仅家业会迅速衰微，还影响到子孙后代的道德品质。

“处身要俭，与人要丰”不仅是吕坤对修身的要求，在更深层次上，还可以说是吕坤悲天悯人、忧国忧民情感的来源之一。因为他自年少就对民生的疾苦有深刻的认识，对深陷困厄的百姓有深切的同情。万历年间多有天旱灾荒，他用朴实无华却又生动形象的文字记录了平凉、固原城外，灾荒给百姓带来灾难的惨状，哀民生之多艰：“有一大家少妇，见她丈夫饥饿将死，将浑身衣服卖尽，只留遮身小衣，又将头发剪了，沿街叫卖，通无人买。其夫饿死，官差人拉在万人坑中。这少妇叫唤一声，投入坑里。时当六月，满坑臭烂。”（《实政录》）读之已让人惊心痛惜，何况是亲眼看到。故吕坤为政十分重视救荒积粮，他还编写《救命会劝语》，劝百姓要勤俭节约：“只望百姓们，随贫随富，除了纳粮当差外，宁好少使俭用，宁好淡饭粗衣，好歹多积些救命谷，多积些救命钱，宁为乐岁忍饥人，休做凶年饥死鬼。”他一直重视扶困救急等民生问题，在衣食住行方面给那些陷于困境的百姓提供帮助。“为民父母如罔听闻，法且不言，情将安忍？”吕坤秉持着“无饱糠者皆同胞赤子”的拳拳之心，筹建养济院、冬生院、会仓等社会组织，从贫民、难民、灾民，以及鳏寡孤独者等困难百姓的切身利益出发，制定“放赈十禁”“存恤十条”等规则，保障他们能够平等、公正地受到救济。此外，吕坤还非常反对地主豪绅压榨和剥削贫苦百姓。比如，他在了解到佃户受到苛待后发出了“有仁心者，肯如是乎？”的反问，要求善待佣佃之人，鼓励行善积德：

佣佃者，主家之手足也。夜警资为救护，兴修赖其筋力，杂忙赖其使令。若不存恤，何以安生？近见佃户缺食，便向主家称贷，轻则加三，重则加五，谷花始收，当场扣取，勤动一年，依然冻馁。有仁心者，肯如是乎？今后佃户缺食，主家放给，亦照官仓加二，如有平借平还者，乡约纪善，以凭优处。（《实政录·民务》）

祖籍山西的礼部尚书兼东阁大学士王家屏致仕归里后对吕坤巡抚山西的评价颇高："吕公端介宽明，力行古道。吾乡凋敝已极，赖其节省拊绥，庶有来苏之望。"这何尝不是吕坤在为官中身体力行"处身要俭，与人要丰"的映照呢?

二、"得其要在尊长自修"

吕坤的治家思想和吕氏家风家训体用兼备、意涵深刻，涉及家庭教育的方方面面，然而俗话说"若网在纲，有条而不紊"，吕坤认为最为核心的、提纲挈领的原则是尊长自修。他说："一家之中，要看得尊长尊，则家治。若看得尊长不尊，如何齐他？得其要在尊长自修。"（《呻吟语·伦理》）吕坤认为把长辈看得尊贵，则家治；把长辈看得不尊贵，就难以齐家。这里的关键在于长辈自身的修养如何。"尊长自修"能够成为吕氏治家首要原则的原因，非常值得深思。虽然这个原则在强调家长权威的古代社会看起来，不是很特别，但却带有吕坤对家族、家庭和世事的深刻洞察。

尊重长辈是传统社会固有的和重要的家庭伦理、社会伦理，具有多方面的作用。例如，长辈向晚辈传授家族价值观，分享经验和智慧，有助于晚辈形成自己的身份认同，培养社交技能，并获得情感支持和安全感，等等，促进家庭和谐。古代社会对于尊重长辈的强调固有其道理，但在实践中往往出现一些问题，如过于强调家长的权威，让孩子过于服从、顺从，甚至屈从，导致强家长而弱孩子的情况，不利于后辈的健康成长。尤其重要的是，"尊长"不应该是家庭权力的形式化，而是应该落实到家庭成员的成长上，即积极主动进行自我学习、提升自我修养、增强自身本领。故"尊长"并不是单方面要求孩子们尊重长辈，它也意味着长辈应该以身作则，成为值得被后辈尊重的对象。

吕得胜有精妙之语云："老子终日浮水，儿子做了溺鬼。""老子偷瓜盗果，儿子杀人放火。”（《小儿语》）而吕坤本人是一位理学、儒家伦理的实践派，他做官时就能以身作则，教育孩子、弟子也言传身教、身体力行。他辞官归家后，以授徒育人为乐，每每要求别人的事情，自己必先做到，在读书、耕种方面皆是如此。他说：“‘懒惰’二字，立身之贼也。千德万业，日怠废而无成，千罪万恶，日横恣而无制，皆此二字为之。”“甚么降伏得此二字，曰‘勤慎’。勤慎者，敬之谓也。”（《呻吟语·修身》）他用亲身实例为样板，同时也指出不能以身作则的主要问题在于“懒惰”，切中了大多数家庭教育失败、家长失范问题的关键所在。

结合吕得胜、吕坤家庭教育理论和具体实践来看，“尊长自修”是吕氏家族家风家教最宝贵的经验。“自修”则是吕坤对于传统社会强调“尊长”观念的重要补充，它更为深层的内涵是要精进修为。吕坤本人律己甚严，他在“自修”的思想、方法和实践方面，既有充满智慧的表述，又有非常丰富的实践经验。

首先，致圣成贤是吕坤“自修”和教育子弟的目标。儒家自古以来，都以致圣成贤为目标，吕坤认为：“修格致诚正之身，任天下国家之重。上天下地，填一我为三才，往古今来，贯千圣为一脉。处则使四海望其大行，出则使万物各得分愿。”（《九儿入学面语戒之》）在他看来，“自修”不仅是修身、格物、致知、诚意等儒家修养的核心，还关乎天下、国家的兴衰，更是在价值理想上与古往今来的圣贤一致。圣贤之路是吕氏一生的追求和写照，他也以此要求家人、教育子弟，并成为从理论到实践的典范。其次，吕坤重视学习，同时也强调事功，以求学、致用。他把儒家推崇的尧、舜，以及孔子、孟子作为终身效仿的典范，“‘尧舜事功，孔孟学术’，此八字是君子终身急务”（《呻吟语·问学》）。他继承程颢“仁者，以天地万物为一体”的理念，“以天地万物为一体，此是孔孟学术；使天下万物各得其所，此是尧舜事功”（《呻吟语·问学》）。再次，吕坤把静作为自修的重要方法。他认为“静是个见道的妙诀”，因为“自然之道，至静之道也”（《黄帝阴符经注》）。他认为静是养心之法，与治家密不可分，因为不能静就不能主宰纷乱的欲望，主静之功勇于万夫，一静可伏百欲。基于此，他提出了大心、虚心、平心、潜心、定心："大其心，容天下之物；虚其心，受天下之善；平其心，论天下之事；潜其心，观天下之理；定其心，应天下之变。"（《呻吟语·修身》）

把"尊长"和"自修"作为家风的重中之重，体现了吕坤对于治家的深刻理解。"尊长"，从来是中华文化中极为重要的传统，也是每个人应履行的义务，故不可不为。"自修"，是树立正确的价值理想，塑造良好的道德行为，也是人之自主性、本体性和能动性的体现。把尊长孝亲和自修统一起来，在现代化观念和生活方式发生重大改变的今天仍旧有重要意义。

三、通俗家训劝世教子

以吕坤为代表的宁陵吕氏家族，代有人才，据清宣统三年（1911年）《宁陵县志》所载，明清两代宁陵吕氏一族中有进士四人、举人十二人、岁贡二十八人、例贡监二十九人、封赠二十二人。究其原因，就是家业振兴、善于治家、子孙承继的结果，其中起关键作用的，当是吕氏家族重视和致力于家风建设。吕得胜、吕坤父子等数代人总结历史和现实中有关家风家教的理论与实践，著书立说、笔耕不辍，在家庭教育理论思考、应用实践和继承传播等方面做出了重要贡献。

吕坤一生，为官、治学、齐家皆有嘉评，首先得益于其父吕得胜的培养。吕得胜十分重视并善于管理家庭事务，作为一个匠籍家庭的家长，却想方设法树立良好的家风，以身作则善待家人和他人，还孜孜不倦地把治家、育儿心得汇编成通俗的文字，留下了《小儿语》和《女小儿语》等脍炙人口的家庭教育佳作。他在《小儿语》序文里说："夫蒙以养正，有知识时，便是养正时也。是俚语者固无害，胡为乎习哉？余不愧浅末，乃以立身要务，谐之音声，如其鄙俚，使童子乐闻而易晓焉，名曰《小儿语》，是欢呼戏笑之间，莫非义理身心之学。”由此可知，吕得胜深知幼儿教育之重要，应从小培养孩子生活起居、待人接物和读书学习的良好习惯，故根据儿童成长特点、认知水平，用四言、六言、杂言的韵语编写了这样一本浅显易懂、朗朗上口、雅白兼具的通俗读物。明清两代，《小儿语》深受官方、民间推崇，一度甚为流行，有着广泛的影响。

吕坤著述极丰，主要作品《呻吟语》《去伪斋文集》《实政录》等涉及政治、经济、哲学、刑法、军事、水利、教育、医学等各方面，对后世有很大影响。他秉承父教，写成《续小儿语》等一系列以通俗家训劝世教子的短文、歌谣。

作《宗约歌》“极浅极明，极俚极俗”。《宗约歌》以“劝”和“诫”为主，有“劝孝亲”“劝教子”“劝和邻”“诫贪财”“诫骄矜”等近九十条劝诫内容，是吕坤深刻体悟世道人心和积极劝世匡救时弊的集中体现。如“劝孝亲”中说：“父母年高喜在堂，为人不孝罪难当。”《宁陵县志·吕坤传》记载：“隆庆辛未年前当会试时，母病卧床，坤日夜侍侧，衣不解带，尝药尝粪，忧勤毕集。”后来在母亲的一再催促下吕坤才远行赴考。

一日，母谓坤曰：“昔当会试，汝父卒，误汝一次。今我病，自忖无事，汝速行。”坤阳应行，隐别处料理汤药。母忽闻坤声，大怒不食。召坤责曰：“何欺我？”坤泣跪告母曰：“功名事小，母病未愈，儿焉忍去。”母抚坤背慰曰：“我欲见汝成进士，死且瞑目。汝行，勿负我望。母更日加餐。”不得已辞母行。……场毕抵家，而母已亡。计先后场屋往还仅三十日。坤非急功名而后母者可概见也。捷至，坤抚棺长号曰：“进士何物也，以唾手得，而我以母死换乎！”号泣而绝粒者七昼夜。居丧骨立，人罕见面。

吕坤的奉母之情、至孝品格，无不令人为之感动。

作“示儿”谆谆告诫。吕坤对教子也非常重视，写了多篇“示儿”文，言语朴实、内涵深刻。《知耻说示儿》抨击当时社会上以物质方面不及他人为耻的奢靡之风，说这是“俗心肠、低见识”，他告诫儿子说：“你看那老成君子，宫室不如人，车马不如人，衣服饮食不如人，仆僮器用不如人，他却学问强似人，才识强似人，存心制行强似人，功业文章强似人。较量起来，那个该愧耻！”这段话表明人不能贪图、攀比物质享受，而是要做君子，在学问、才识、心气、文章上下功夫，这些不如人，才真正应该羞愧。《择交说示儿》指出那些“戏谑欢呼，把臂拍肩，蹑足附耳……稍不稠秾，便说淡薄”是“世俗态、儿女情”。“你看那有道交游，德业劝你成就，过失责你改图。或说往古圣贤，或论世间道理，不出淫狎言语，不讦他人短长，不约无益闲游，不干诡随邪事。较量起来，那个是好友！”这段话表明端庄正派之人交到的朋友才是真正的益友。吕坤奉父命所作的《为善说示诸儿》主张立身处世要为善：“君子之为善，亦自若也。吾为所当为，如饥之食、渴之饮耳；吾为所不当为，如饥不食堇、渴不食鸩耳。”吕坤的知耻观、择友观、善恶观等就是要为孩子树立正确的观念，在《呻吟语·应务》中他还总结了“教人十六字”——诱掖、奖劝、提撕、警觉、涵育、熏陶、鼓舞、兴作，至今亦堪经典，值得反复思考。

除了童蒙礼教，吕坤和父亲吕得胜还特别重视对女性的教育。吕得胜撰有《女小儿语》，专门教导女子，包括生活节约、孝顺公婆、劝导丈夫、谦逊礼让、自我调节、注意仪容、谨言慎语、勤于家务、尊老扶幼、心怀宽广、待人和善等，内容非常丰富。清人陈宏谋评价说：“兹篇其专训女子者也。警醒透露，无一字不近人情，无一字不合正理，其言似浅，其义实深，闺训之切要，无有过于此者。凡为女子，童而习其词，长而通其义，时时提撕，事事效法，庶乎女德可全，虽以之终身焉可也。”（《教女遗规》）吕得胜除了在理论方面倡导教女，也身体力行，如四方请瞽妇、说书人等为患眼疾的妻子解闷，安排好妻子的饮食起居，这样的父母榜样对于吕坤及其他吕氏家族成员而言必然产生良好的影响。故而吕坤也重视女性在家庭伦理中的地位和女性受教育的重要性，他说：“家之兴旺，妇人居半。”为此，他精心编制了一系列有关女性家庭教育、阐述夫妻伦理的著述，如《四礼翼》《闺范》《闺戒》。其中，《四礼翼》中的相关章节和《闺范》一书，不仅是对吕得胜以儿歌俚语形式论述女性家庭伦理的继承，而且在内容上更加理论化，吕坤父子的这种做法在古代封建社会是极为罕见的。

从吕得胜到吕坤，不仅是代际、家教的传递，更为与众不同的是他们在家风家教理论上的总结、继承和创造。尤其经过吕坤的总结提升，吕氏治家理论涉及宇宙、自然、人性、命运、修身、治学、品德、治道、人情、物理等多方面内容，因而具有深邃的思想性和周密的系统性，同时又能兼顾传播的实效性。吕得胜、吕坤父子将家风家教理论编成易于传唱的歌谣，入耳悦心，令人欢然警醒，在明清两代产生极大影响，至今仍余韵犹存，是中国古代家庭教育的范例和思想宝库。

一个家族的延续和兴衰，与社会整体环境的变迁紧密相关，也和家族自身的文化、组织传统有密切关系。经过吕得胜、吕坤的接续努力，吕氏家族不仅在教育子弟、后代的理论方面集众之长，还着实培养出许多杰出人才，如吕坤长子吕知畏曾获“天下第一好人”匾，其孙吕慎多被乡人制以“万人屏”颂之，吕崇谥筑书舍启迪后进，吕毓高入忠义祠，吕如篪有孝行，等等。宁陵吕氏人才辈出，家族兴旺，以至于有“一部宁陵志，半部吕家谱”之说。

第十七章

黄宗羲：以风节历世，以诗书传家

学则智，不学则愚；学则治，不学则乱。

——黄宗羲《明儒学案》

黄宗羲在中国学界和老百姓中知名度较高，是明末清初三大思想家之一，因“启蒙思想之父”的称号和“黄宗羲定律”而被中国广大民众所熟悉，但不为人所知的是，他还有一段仗义任侠的经历，他是孝闻四方的儿子，是支撑庭户的长兄和培育读书家风的父亲。

明万历三十八年（1610年），黄宗羲出生在绍兴府余姚县（今浙江省余姚市），字太冲，号南雷，别号梨洲老人，被学者称为“梨洲先生”。他在儒学和史学上有极高的造诣与声望，提出“天下为主，君为客”的民主思想，认为“天下之治乱，不在一姓之兴亡，而在万民之忧乐”。黄宗羲也是黄氏家风的重要传承者、缔造者。他年少丧父，却意志坚韧，为父伸冤，名震天下；奉养祖父、母亲，支撑家业；尽长兄之责，照顾和教授几位弟弟，扶助他们成家立业；坚持诗书育人，以数代学人之力，著书立说。黄宗羲一脉书香久传，在浙东乃至中国都为数不多，对中国文化的贡献也极为突出，正是中国古语“忠厚传家久，诗书继世长”的真实写照。

一、“浩然一往复何求”

1626年3月，时乃明熹宗朱由校在位，年号天启的第六年，也是草长莺飞、万物欣荣之际。其时黄宗羲婚后不久，正值新婚燕尔、家有新禧之时，然而来自朝堂的腥风血雨将对黄家行以灭顶之击。

明神宗万历晚期至明熹宗时期，国家经济、吏治和社会已经千疮百孔，内忧外患不断加剧。此时，朝堂之上，魏忠贤为首的阉党与东林党之间的斗争日益激烈，形成你死我活之势。天启三年（1623年），黄宗羲之父黄尊素至京担任监察御史，开始陷入朝堂交锋的政治旋涡。

黄尊素性格坚毅刚正，他一方面看到党派之争不利于国家，主张以国家社稷为重，团结起来解决外部威胁；一方面对魏忠贤等人胡作非为、陷害忠良的行径不满，时常与东林士人紧密联系、坚持斗争。天启五年（1625年）二月，黄尊素和部分东林士大夫先后被削籍，杨涟、左光斗等多人于本年秋被捕下狱、相继被害。

天启六年（1626年）三月，阉党开始逮捕高攀龙、黄尊素、周顺昌等人。明代文学家张溥曾在名篇《五人墓碑记》中记述了苏州士人、民众在此次事件中的义举，歌颂了周顺昌等人“激于义而死”的精神，提出了“明死生之大，匹夫之有重于社稷”的深刻主题。因为苏州民变，受命逮捕黄尊素的人不敢亲往余姚捉拿，而黄尊素却义无反顾，主动投狱。被押至京城后，黄尊素即入诏狱，受到严刑拷打、栽赃陷害，于当年六月遇害，年仅四十二岁，留下《正命诗》一首，其诗曰：“正气长留海岳愁，浩然一往复何求。十年世路无工拙，一片刚肠总祸尤。麟凤途穷悲此际，燕莺声杂值今秋。钱塘有浪胥门泪，惟取忠魂泣镯镂。”黄尊素胆气豪阔，金玉精神，刘宗周曾评曰：“凛正色于兰台，抗直声而如矢。及夫一死，与日月争光，允矣，不愧男子。”

得知黄尊素遇害的噩耗，黄家上下无不悲愤，黄宗羲母亲姚氏悲痛欲绝，黄宗羲兄弟痛哭不已，黄尊素弟子及黄家故旧也闻讯前来吊唁，纷纷为之不平。年仅十六岁的黄宗羲遭遇如此重大的家庭变故，为不让祖父和母亲过于忧心，只能偷偷地伏枕痛哭，同时毅然担负起支撑门户的重任，牢记父亲的教诲，夤夜读书，时刻不忘为父伸冤复仇。

天启七年（1627年），明熹宗驾崩，崇祯帝朱由检继位。他迅速清除阉党，魏忠贤在凤阳途中自尽，与黄尊素案有重大关联的客氏、许显纯等人或伏诛，或下狱。朝廷剧变，给受冤家庭带来了希望。崇祯元年（1628年），黄宗羲写好讼疏，在袖中藏以长锥，前往北京为父伸冤。在众多伸冤的人中，黄宗羲年龄最小，然而却勇敢异常，在朝廷下诏“死阉难者赠官、赐祭葬、录后如例”后，仍要求惩治漏网余党。在刑部审讯许显纯、崔应元时，黄宗羲与之对簿公堂，据理力争，还拿出袖中的锥子刺得许氏血流不止，击打崔氏并拔其胡须。他又与诸同难之人找到当时将黄尊素等人迫害至死的狱卒叶咨、颜文仲，将之殴毙。审讯阉人李实、李永贞、刘若愚三人时，黄宗羲不被金钱贿赂所动，揭穿他们的谎言，并在对质时以袖锥锥之。邵廷采在《遗献黄文孝先生传》中道："当是时，先生义勇勃发，自分一死，冲仇人胸。……会讯之日，观者无不裂眦变容。当是时，姚江黄孝子之名震天下。"黄宗羲与同难诸子弟设祭于诏狱中门，哭声如雷，崇祯帝闻之亦叹息说："忠臣孤子，甚恻朕怀。"

黄尊素的大义凛然、黄宗羲的坚毅刚勇，可以追溯到黄尊素的父亲黄日中。据载，黄日中生平仗义执言，敢于抗争，"一邑利害，他人不敢言者，公独言之。有伍伯倚令势，鱼肉小民，公投以治生帖，伍伯叩头请死，吏亦从此不敢近伍伯"（万斯大《梨洲先生年谱》）。黄日中还教授黄宗羲、黄宗炎等孙辈，对后代不仅有抚育成长之功，亦有学问养成、人格熏染方面的重要影响。黄尊素冤死诏狱后，门户觥尪，黄日中不得不忍痛振作，渡厄化劫、扶助孤幼，曾写下"尔忘勾践杀尔父乎"八字贴于家中墙上，以此警训家人。由此可见，经过数代人的传承，黄氏一族培养了正直勇敢的家风。

祖父和父亲的精神、性格、行为是年少时期黄宗羲的光辉榜样，黄宗羲正是得益于这种刚强劲健的精神，才能勇敢为父亲伸冤，才能在遭逢家庭剧变之际挺身而出，勇于承担长子之责，细心侍奉祖父、母亲，照顾和教育几个弟弟，课子读书，为家学相承不辍，为成就黄氏一家"东南之美"的历史佳话打下坚实的基础。

二、"文孝"支撑门户

黄尊素遇难后，黄氏门庭倾危，黄宗羲面对内外交困的境况，既要奉养年迈的祖父黄日中和以泪洗面的母亲，还要照顾年幼的四位弟弟以及成婚不久的妻子，由此可知其肩负之重。黄宗羲在《吾悔集·题辞》中记述道："先忠端公殉节之后，室如悬磬。不孝支撑外侮，鞅掌家塾；吾母课垄亩，省廪窖，婚嫁有无，棺槨重复，无一日之暇。……吾弟皆以授室，食指繁多，遂别晨春，然夏税秋粮，犹不孝一人办之。"通过这段话，我们可以看出黄宗羲苦力支撑，家中内外、大小之事无不亲躬，即便是弟弟们成家立室之事，也操心甚多。而黄宗羲之所以能够凝聚全家，渡过劫难，要归功于黄氏数辈以"孝悌"为内核的家风。

黄日中是黄氏一门的擎天柱，除了正义勇敢外，他还敦于孝道。《黄氏家录·封太仆公黄日中》录："公逢太仆之怒，必伏地请扑，有为公解之者，公麾之曰：'吾以大人释怒为喜，不以免扑为喜也。'"大意是，每当父亲恼怒之时，黄日中都主动伏在地上，任由父亲责罚，若有人前来解围说情，黄日中就说这是他自愿的，只要能够让父亲不再发怒，就是最大的欢喜。他的这种仁义孝亲的德行，也深刻影响到后辈。例如，黄宗羲对祖父敬孝有加，曾不惜远求，花大价钱置办棺椁，让祖父老怀甚慰。黄炳垕《黄氏旧谱》载："五月辛卯十八日，王父封太仆鲲溟公卒，先是，公因匠事未敦，步行四百里，冒暑至诸暨，购归美棺，计直二百金。太仆公摩挲久之，喜曰：'汝后日封赠及我，亦是虚名，今日之孝，乃实事耳。'"

黄宗羲的母亲姚太夫人同样是一位治家有方、气度豁达、孝顺公婆的女子，是黄氏家风塑造、延续的灵魂人物之一。黄宗羲为祖父黄日中四处选置棺椁，独立承办，就是受到母亲姚氏的提醒；婆婆去世，姚氏力排众议，自己举债六十金为之操办丧事。黄宗羲的叔叔违背黄日中关于家产分配的遗命，姚氏又告诫黄宗羲等人不得与之争夺，再次显示出不凡气度和见识，说："汝曹能读父书，先业有无，不足计也。"姚氏处理家事深明大义、通情达理，受到黄家上下的喜爱和尊重。明朝灭亡后，兵匪横行，社会一度十分动乱，加之黄宗羲兄弟参加反清活动，故而全家几度迁徙、陷于贫困，姚氏在其中起到极为重要的"定盘针"作用。姚氏德行远播，得到了浙江士人的敬重、赞誉，"每当太夫人寿辰，海内巨公，多有杰作以表徽音"（《移史馆先妣姚太夫人事略》)。

以上虽是陈述黄日中和姚氏对黄氏家风的影响，但也侧面反映黄宗羲孝亲持家的重要作用。从时间上看，姚氏八十七岁去世时，黄宗羲已经七十一岁，也就是说黄宗羲陪伴了母亲大半个世纪，一起经历了无数风吹雨打，“始遭东林党祸，继之以复社党锢，又继之以乱亡。捕狱则操兵到门，避寇则连绳贯掌。覆巢之后，复遇覆巢。辛苦再立之户牖，频经风雨，一生与艰危终始”(《移史馆先妣姚太夫人事略》)。

黄尊素命丧诏狱时，仍坐赃三千金，黄家在同乡故旧的帮助下方得以完付。即使惨遭家变，黄氏兄弟仍然接受了良好的家庭教育，除了祖父黄日中、母亲姚氏，黄宗羲也承担照顾黄宗炎、黄宗会、黄宗辕、黄宗彝四位弟弟的重任，但尽长兄之责，扶助他们成家立业，黄宗羲之子黄百家曾说：“叔父辈四人，王父被难时，四叔父同舆、五叔父孝先更幼，读书任之外傅。二叔父晦木年十一，三叔父泽望年九，府君身自教之，讲书发明大意，将心意性命、仁义礼智融会贯通，一章明则章章皆明，不与村学究讲贯逐节生解。初作制义，必令揣摩先辈，有一篇不似者则诃之；久之，又令从横议论，才气为主，若拘守先辈者诃之。如是而两叔父之学成矣。为娶二叔父徐、冯两叔母，三叔父刘、梁两叔母，四、五叔父宋、姚两叔母，建正气堂，分居之。……此真宇宙间之劳人也！”(《先遗献文孝公梨洲府君行略》)黄宗羲对于黄氏家族的贡献，从一个侧面也能予以体现，他去世后，门人私谥“文孝”，其中“文”则指经天纬地、勤学好问，“孝”则指慈惠爱亲、协合肇始，由此可见时人对黄宗羲的学问品行做出了甚为准确的肯定，同时也是极高的评价。

三、“读书为上”，传续家学

黄氏家族自汉代颍川以后至宋代，子孙有为江淮制置使者，后来跟从宋高宗南渡至婺之金华而定居，而后经历乱世，迁徙到余姚。自有确考之始祖开始，黄家基本上是耕读传家，出现了一些在仕途、学问、艺术和军功上有所成就之人。《续修竹桥黄氏宗谱》卷首列有十数条家规、家训，其中较为突出的是有关家庭成员的教育培养，其曰："士农工商，各有所业，故不致废坠家业。其姿质明敏可以读书者，教以读书为上。"又曰："使得幼儿无知者教以诗书，使能自立。"由此可以看出，诗书传家是黄氏家风家训的重要内容与核心精神，并经过黄尊素、黄宗羲而发扬光大，不仅家族中读书者众多，还为中华文化做出巨大贡献。

根据文献记载，黄日中虽然不曾参与科举、为官致仕，但他喜好读书，对经史典籍颇为精通，常常能记诵口述，尤其善于《周易》，"以《易》教授吴兴。诸生应试，公先第其高下，无不奇中。然公为文，援据经术，一切剽剥窃攘之词不屑为也"（《黄氏家录·封太仆公黄日中》）。黄尊素也擅长易学，更是以科举考试及第为官，对黄宗羲的成长有着直接而深刻的影响，生前特意嘱咐黄宗羲拜晚明大儒刘宗周为师，阅读《明实录》，等等。

黄宗羲多才博学、思想深刻，于经史百家、天文、算术、乐律等无不研究。马叙伦称黄宗羲是秦以后二千年间"人格完全，可称无憾者"的少数先觉之一。作为明末大儒、浙东名士，黄宗羲其学也高、其德也厚，这本身与其家风有密切关系，而他言传身教、齐家有方，将黄氏"读书为上"的门风延续绵长，则愈发难能可贵，值得后世学习。

在他的悉心照顾下，弟弟黄宗炎、黄宗会都名满浙东。黄宗炎字晦木，一字立溪，被学者称为"鹧鸪先生"，他幼年受教于兄黄宗羲，后随兄拜刘宗周为师，擅诗文、缪篆、制砚、绘画，著有《周易象辞》《周易寻门余论》《图学辨惑》。清代著名史学家全祖望称："其学术大略与伯子等，而奡岸几有过之"，"于象纬、律吕、轨革、壬遁之学皆有密授"，与兄宗羲、弟宗会誉以"浙东三黄"，"公兄弟五人，仲叔两弟，公自教之。不数年，皆大有声。儒林有东浙三黄之目"（《黄宗羲年谱》）。黄宗羲《前乡进士泽望黄君圹志》云："忠端公五子，二人尚幼，不肖与晦木、泽望，其姓名亦落人口。

当是时，考官之入棘闱者，皆欲得此两家之后人出其门下。丙子，李映碧搜泽望而不得，己卯，陈卧子搜晦木而不得。”黄宗炎习场屋之学，然多经坎坷，及至1644年国变明灭，黄氏兄弟广结好友，在浙江一带广为知名。黄宗会字泽望，号缩斋，被学者称为“石田先生”。黄宗会是明末崇祯年间的贡生，早年受业于兄长黄宗羲，明亡后隐居不出，专注学术，今有《缩斋诗文集》传世。

黄宗羲与妻子叶氏育有四男三女，教授他们学以诗书，继承黄氏家学。四男分别是黄百药、黄正谊、黄百家、黄寿，除幼子黄寿因病早夭外，三子皆好学致孝，而黄百家最得父传、赓续家业。关于三女的史料记载虽少，不过也大都识文断字，黄宗羲皆为之选择良配，爱护有加。黄宗羲读书、讲学终身不辍，对家人产生了重要影响，治学的家风也得以延续，其典型之例便是黄氏数代人编选《明儒学案》《宋元学案》一事。“学案”是中国古代以叙述学派源流、内容、事件、思想为主的一种学术史著述形式。康熙十五年（1676年），黄宗羲完成了《明儒学案》六十二卷，系统记述、总结了明代儒学发展演变及其流派的学术史，每个学案以案序、传略、语录等呈现该学派的基本情况、学术观点、代表人物、师承关系等，共记载了明代二百余位学者，同时也有一些重要评议。该书是中国古代第一部完整的学术史著作，开创了学案体史书体裁，也是思想史、学术史、文化史方面的重要著作。

《明儒学案》编成之后，黄宗羲着手编写宋元儒的文集，他广泛搜集资料，亲自到江苏昆山徐乾学的求是楼抄录书籍，还从徐秉义的培林堂藏书中借阅、抄录甚多，汇集成《宋元文集日钞》。该书编纂时，黄宗羲已近暮年，黄百家协助其父进行资料搜集、抄写等工作，实际已经开始编写《宋元学案》，黄氏门人亦有参与。黄百家生于崇祯十六年（1643年），幼承庭训，随父学习经史、天文、历法、数学等，亦精于内家拳术，曾应明史馆之请赴京参与编撰《明史》，著有《明文授读》《体独私钞》《王刘异同》《夷希集》《北游纪方》《内家拳法》等。康熙三十四年（1695年），黄宗羲病逝，黄百家继续编写《宋元学案》，坚定实施父亲的编写思想、原则和观点，也留下了许多精彩的按语、评论文字。不过，康熙四十八年（1709年），黄百家也抱憾离世，未能完成《宋元学案》。

乾隆、嘉庆年间，应黄宗羲之孙黄千人之请，黄宗羲私淑弟子全祖望对《宋元学案》遗稿进行修订、补充，但直到辞世也未竟编。而后，黄宗羲五世孙黄璋、六世孙黄征义继续校补。《余姚县志》卷二十三载："黄璋，字稺圭，号华陔，乾隆二十一年举人，授嘉善教谕三十七年。诏征天下遗书，浙江设采访局，大吏以璋总之。凡得书数千种，皆考其撰人、爵里，疏其宗旨，辑总目若干卷进呈。"黄璋年五十四辞官，优游林下二十二年，卒于嘉庆七年（1802年），享年七十有五，黄征义乃其次子。最后，《宋元学案》经过王梓材、冯云濠最后校勘定稿，于道光十八年（1838年）刊刻印行，此后王梓材、何绍基于道光二十六年（1846年）再次刊刻。

《宋元学案》的编纂，经历了黄氏六代赓续相传、共同努力，前后经历了一百五十余年，这也是黄氏诗书传家、家学相继的证明。其实，黄氏家学不止于此，黄宗羲七世孙黄炳垕也是一位重要学人。黄炳垕，字蔚廷，号蔚亭，别号孑翁，同治九年（1870年）举人，撰有《方平仪象》《忠端公年谱》等。黄炳垕据家藏史料文献，又旁搜各家文集、野史、省府县志等，仿照《王阳明先生年谱》之例，撰成《黄宗羲年谱》四卷，修订了《竹桥黄氏家谱》《黄尊素年谱》等。因而，黄炳垕是整理先祖遗献、传续家学的有功之人。

康熙三十四年（1695年），黄宗羲久病不起，他在病中曾作《梨洲末命》和《葬制或问》，嘱咐家人丧事从简，"用棕棚抬至圹中，一被一褥不得增益"，遗体"安放石床，不用棺椁，不作佛事，不做七七，凡鼓吹、巫觋、铭旌、纸幡、纸钱一概不用"。他用自己的一生，发奋治学，成就卓然；主持门第，忠厚举家，既孝且悌；学问相传，世代书香。黄家正可谓"既饶甲科，亦代有闻人"（徐秉义《黄氏捃残集序》）的文化世家。《黄氏家录》《黄宗羲年谱》《竹桥黄氏宗谱》皆有对黄家世代先辈生平事迹的记载，黄宗羲与顾炎武、王夫之并称为“明末三大思想家”，黄宗羲祖父黄日中，叔父黄等素、黄符素、黄葆素，父亲黄尊素皆有学名，弟弟黄宗炎、宗会、宗辕、宗彝亦皆读书习礼，称闻于时，其后有黄百家、黄璋、黄炳垕等杰出人才。故而梁任公给予极高评价：“余姚以区区一邑，而自明中叶至清中叶二百年间，硕儒辈出，学风沾被全国及海东……黄氏自忠端以风节历世，梨洲、晦木、主一兄弟父子，为明清学术承先启后之重心。”（梁启超《复余姚评论社论邵二云学术》）

第十八章

曾国藩：清慎勤敬养家风

吾教子弟不离八本、三致祥。八者曰：读古书以训诂为本，作诗文以声调为本，养亲以得欢心为本，养生以少恼怒为本，立身以不妄语为本，治家以不晏起为本，居官以不要钱为本，行军以不扰民为本。三者曰：孝致祥，勤致祥，恕致祥。

——曾国藩给儿子曾纪泽和曾纪鸿的家书

梁启超评价曾国藩说："岂惟近代，盖有史以来不一二睹之大人也已；岂惟我国，抑全世界不一二睹之大人也已。"毛泽东、蒋介石也都对曾国藩非常推崇。

从某种角度上说，曾国藩是王阳明之后的第一人，真正做到了在内圣功夫、外王事业上都有所建树。在内在的道德方面，他提倡程朱理学，不仅自己身体力行，还以之教导后辈，对近代以来宋明理学的复兴起到了开辟作用。在外在的事功方面，他在捍卫儒家传统的同时兴办洋务，将"开眼看世界"的事业在全国范围内推广。可以说，他在中国历史上是一位承前启后的重要人物，其自身修养之高、家庭教育之优良，一直为世人所称道。

纵观古今，凡达官贵人之家，大多好景不长，因其子孙会逐渐骄奢淫逸，从而导致家庭败亡。而曾国藩家族，近二百年间绵延至第八代孙，共出有名望的人才二百余人，如此长盛兴旺之家，在古今中外实属罕见。人们对号称"修身、齐家、治国、平天下，千古第一完人"曾国藩的评价或褒或贬，或扬或抑，但对曾氏家风，却是人人佩服的。曾氏家族之所以如此人才辈出，是与曾国藩良好的家风、严谨的家教密不可分的。

一、凡人做事，"勤敬二字"

曾国藩认为，家风是为了使家庭风范优良，从而促进家庭成员的人格成长，进而有益于家国天下。所以，曾国藩对家中子孙训诫的目标是为了人的养成，而要想成为一个有德有才的人，最关键的一点是"敬"。

所谓"凡人做一事，便须全副精神注在此一事，首尾不懈，不可见异思迁"，就是说，一个人要做一件事，不可见到别的事情就转移精力，三心二意，而是要专心致志。专心致志就是“敬”，这看似简单，却很难做到。曾国藩曾说“读书不二”，即读书一定要拿定一本书，从头到尾把它认认真真地看完，予以理解，然后才可以去看下一本书。只有这样，才算真正读了一本书。现代历史学家钱穆先生年轻的时候读书，也是泛观博览，有时候随手拿起一段便读，后来看到曾国藩的这一番读书不可见异思迁的教训，才开始从头到尾读完一本书再读下一本，绝不两书并观。正是这一种读书方法，促进了钱穆先生成为史学大师。

除了专心致志，“敬”的另一层意思是敬重、敬爱，它不仅对个人的人格养成非常重要，而且对家庭的繁荣延绵也极其关键。各个家庭成员之间要相互敬爱，父子之间、夫妻之间、兄弟之间都要相敬相爱，这样家庭才会和谐美满。曾国藩对子侄说：“凡一家之中，勤敬二字能守得几分，未有不兴；若全无一分，未有不败。”这指明了家庭应当恪守的原则就是“勤”和“敬”。而“勤”这一点，也是曾国藩身体力行的一条准则。“勤”就是勤勉，指的是各个家庭成员都要勤劳：对外要努力工作，丰富家庭的经济；对内要勤于家务，使家庭干净而美好。

曾国藩的“勤敬”反映在他给自己设立的“日课十二条”：主敬——保持每日做每事都细致认真；静坐——每日静坐一小时；早起——每天早起，且不赖床；读书不二——读完一本书再读一本书；读史——每天读点历史以作借鉴；日知其所亡——每日以日记记录得失；月无忘所能——每月作文章提点自己；谨言——谨言慎行；养气——修养自身的正气；保身——养生；作字——坚持每天练字；夜不出门——杜绝夜生活。这十二条要求贯穿的就是“勤”和“敬”，正是由于每日做这些功夫，曾国藩才能成为近代以来文韬武略、文武并成的第一人；而作为榜样，曾国藩的“勤”和“敬”也使得曾氏子弟们发奋图强，皆有所成就。

中国古代有“君子之泽，五世而斩”的说法，为什么这样说呢？因为在家庭开始发展的时候，成员们不仅相互敬爱、相互团结，而且勤劳节俭、做事专注，这样通过几代人的积累，就能使家族兴旺。而兴旺之家的后人，在既有成果中，往往会忘掉勤勉，只知道享受而不知道付出，这样就成了败家子。这些继承者们，又因为家人的宠爱和社会的尊重，易变得骄傲不逊，对他人缺少一份真诚的敬爱之心，只重视自己的利益，而忽视他人的幸福，最终就成了不孝之子。当一个家庭里有几个败家子、几个不孝之子的时候，这个家庭岂能不衰败呢？

曾国藩作为一个大家族的开创者，深知这个道理，所以他一直告诫自己的子孙后辈，越是兴旺之家越要做到“勤敬”，因此曾国藩在教育自己孩子的时候，一再指出，“凡富贵功名，皆有命定，半由人力，半由天事。惟学做圣贤，全由自己做主，不与天命相干涉”。为人最需要的是自身的修养，而修养的一个关键就是要守住勤俭的家风。“余服官二十年，不敢稍染官宦气习，饮食起居，尚守寒素家风，极俭也可，略丰也可，太丰则吾不敢也。”曾国藩以自己为例教育子女，不可贪慕奢华、骄纵懒惰，要坚持勤俭节约的家风。

与“勤敬”相近，曾国藩还告诫族人：“天下古今之庸人，皆以一惰字致败；天下古今之才人，皆以一傲字致败。”这是说：普天之下古往今来的平庸者，都是因为懒惰而导致失败；而普天之下古往今来有才能的人，都是因为自傲而导致失败。曾国藩本人德才兼备，但他对自己的子侄说，自己一生历经挫折而终能成功，就在于不仅自知，而且善于知人，更能知人之所以成功、之所以失败。在这里，他将人们失败的原因归结为懒惰与自傲，也是在警示族人，要注重“勤”与“敬”，切勿懒惰、自傲。

曾国藩在家书上说，每个人都是可以成功的，虽然先天的资质可能不同，但只要通过后天的努力，就会有所收获。每个人最开始都是有志向、有理想的，但最后能真正实现者却寥寥无几，其中一方面固然有机遇的问题，但主要原因是个人的懒惰与自傲。资质一般的人，常常因为自甘平凡，做事懒惰、不思进取，这样根本就不可能成功。资质很好的人，常因为自高自傲，不可一世，结果不能再有所进步，或者走向了极端，而终究不能成功。

历史上这样的例子数不胜数。就有才的人来说，《伤仲永》这篇千古名文，清楚地道出了资质好的人失败的原因。方仲永少年天才，为亲友乡邻所尊崇，可他在家人不良的引导下，自高自傲，不再学习和进取，结果到成年后，泯然众人。可见一个“傲”字，毁了多少有才者。要想有所成就，就要远离懒惰和自傲，做到“勤敬”和谦恭，人能养成这几种德行，才能使自己不愧对此生命。

二、“惟读书则可变化气质”

曾国藩认为：“人之气质，由于天生，本难改变，惟读书则可变化气质。”曾国藩在写给后辈的家书中，常常教育后辈必须重视读书，其原因，就在于这里所说的“变化气质”。我们现在理解的气质跟古人不同，“变化气质”在传统思想中有特殊的意义，从宋代理学家张载开始，这句话就意味着将含有恶的气质之性转化为纯善的天地之性的过程。也就是说，“变化气质”就是逐步消除人可能作恶的因素，使人成为只为善而不作恶的贤人、圣人。曾国藩本身服膺理学，所以他对“变化气质”的这一说法是完全接受的。在他看来，“变化气质”的方法就在于读书。为什么呢？这里面的原因有两点。

一方面，通过读书，我们可以培养出认真、勤勉、踏实的处事态度。曾国藩在给后辈的家书中，曾对古代的读书法有一些简要的总结：如心到、口到、眼到，这可以培养人专心致志的习惯；如一书不读完就不读下一本书，这可以培养人做事专一的态度；如读书时屋子要干净、写字要端正，这是告诉后辈做事情要讲规矩、有节度；如对书籍要爱护，若有损坏要修补，这是告诉后辈要爱护东西、做事小心谨慎。后辈们在曾国藩的教导下大多能好好读书，养成了好的习惯，对生活和做事情有了好的态度。

另一方面，曾国藩还告诉后辈，读书其实是在和古今中外的圣贤对话。人生中的疑惑可以从书中获得解答或者至少是一些启发，还能感受到他人生活的苦乐，从而使自己的生命得到极大的丰富与提升，又或者能为审视历史、了解社会、思考未来提供充分的养料。总之，读书为世人打开了一扇窗，世人可以通过读书向无数师友学习，读书的益处是显而易见的。

正是基于以上两点，曾国藩认为只有读书可以“变化气质”，曾国藩在军务繁忙之际，犹定申、酉、戌、亥四个时辰温旧书、读新书、偿“外债”（指诗文债、字债）、写笔记。同治元年（1862年），他任两江总督，白天忙于军政事务，夜里仍温读诗文。他自道光十九年（1839年）正月初一起写日记，至同治十一年（1872年）二月初二止，其间从未间断，数十年如一日。他不仅勤于读书，而且善于读书，深得要领，至于读书的方法，曾国藩指出，读书之法，看、读、写、作，四者缺一不可，“第一要有志，第二要有识，第三要有恒”，即强调朗读、默读、抄读并举，坚持读书和选择好书并行。

对于人的成长来说，除了读书，曾国藩还告诫族人要注重养生。曾国藩认为养生的目的不仅仅是延长生命，更在于通过养生让自己培养优良习惯和处世美德，从而最终使自己的生命发挥更大的益处，以利于家国天下。曾国藩还将自己总结的养生之道传予后人：“养生之法约有五事：一曰眠食有恒，二曰惩忿，三曰节欲，四曰每夜临睡前洗脚，五曰每日两饭后各行三千步。”

曾国藩本人讲求养生之道，且颇有心得。虽然他仅活了六十余岁，但清朝后期人们普遍的寿命也不过四十多岁，且曾国藩一生劳累，为国事奔忙不止，大大损伤了身体，还长期患有皮肤疾病，所以他的寿命在当时可以算得上很长了。曾国藩给后人留的五条养生方法，其中不仅有养身的，更有治心的，身心兼养，正是曾国藩以养生培养德行的要诀。

这五种方法的第一条是“眠食有恒”，用现代的话说就是生活要有规律。要真正有个好身体，首先是吃饭、睡觉、工作要有规律。为了某些外在之物过分地拼搏，其实是消耗自己的生命，很不值，这对于现代人来说更具有启发和借鉴意义。第二条和第三条是治心的。曾国藩认为身体健康其实很大程度是由心灵决定的。心灵健康，身体就会强健，否则身体就会有不良反应。而心灵健康的两大敌人，一是忿念，一是欲望。忿念即“以少恼怒为本”，心气郁结，就很容易使人心灵沉沦，而身体也就跟着衰败下去，因此必须戒除忿念。过分的欲望更不可取，俗语说“酒是穿肠毒药，色是剜骨钢刀，财是惹祸根苗，气是雷烟火炮”，若不对欲望加以节制，就是对自己的戕害、对自己的糟践。所以必须学会节制欲望。第四条和第五条，是曾国藩养生的具体方法，曾国藩主张睡前洗脚和饭后散步。睡前用温水洗脚最适合放松心灵和温暖身体，而饭后散步最适合放松身心、强身益体。

曾国藩告诫后辈需读书、善养生的家风家训是曾氏一族宝贵的财富，也值得我们现代人学习。

三、“兄弟和，虽穷氓小户必兴”

曾国藩认为，一个家庭的持久繁盛不是靠一两个有德有才者撑起来就够了，而是要靠一个家庭的所有成员共同维护。“兄弟和，虽穷氓小户必兴；兄弟不和，虽世家宦族必败。”在曾国藩看来，一个家庭中兄弟之间能够和睦的话，即使是穷困弱小的百姓之家也可以兴盛，而兄弟之间若不能和睦，那么即使是世家贵族也必定会衰败。

曾国藩的一生，可以说很好地诠释了《大学》里的“修身、齐家、治国、平天下”。对自己，他以宋明理学来严格要求，做事谨慎细致，时时注意道德修养和人格提升；对家人，他讲求治家之道，对年幼者认真教育、常常督促，并留下了《曾国藩家书》；对朋友，他肝胆相照、倾力结交，拥有一大批良师益友；对国家，他忠心耿耿、尽职尽责，既忠于本民族的文化信仰并努力使之得到延续，又为了强国而大力推进洋务运动。所以，曾氏一门的兴旺可以说是由他一手造就的，但曾国藩并没有因此而迷信伟大人物的作用，而是深知治家并非一己可成，要靠所有人的齐心合力。

曾国藩一家是湖南的名门望族，他的弟弟们也个个具有才干，且各有所长。曾国藩是家里的老大，下面还有四个弟弟：老二曾国潢，是主管曾家内部事务的人才，曾家整个家族的家务基本由他打理；老三曾国华，在湘军第一猛将李续宾手下为副手，阵亡于安徽三河；老四曾国荃，是曾家仅次于曾国藩的人才，是中国近代外交史上的重要人物；老五曾国葆，也是湘军的重要将领，参加了一系列大战，最后病死在南京城下。对这些有才干的弟弟们，曾国藩以谦让来团结他们，从而使得家族兴旺，而弟弟们也都各得其所。

其实他们兄弟之间也不是没有纷争。曾国藩还在北京做官的时候，有一次曾国藩的父亲给他来信，向他诉苦说，他的几个弟弟都闹着要外出求学，而这会大大加重家庭的负担。曾国藩没有像一般的兄长那样埋怨弟弟们给家里添麻烦，而是写信劝慰父亲说：弟弟们要外出求学，这是有志向的表现，而且对他们的成长也是有益的，我愿意负担弟弟们的花费，毕竟兄弟和睦是家庭长久的基础。由此可以看到曾国藩对弟弟们的尽心付出，所以他的弟弟们后来也团结在他的身边，一起做了一番治国安民的大事业。

还有一次，在镇压太平天国期间，曾国荃来找曾国藩谈心，给曾国藩提了很多意见。其中最重要的，是说曾国藩过于严肃和喜欢教训人，结果弄得兄弟之间总显得不是太亲密。曾国藩不但没有驳斥，反而仔细倾听，并答应之后加以改善。曾国藩兄弟之间的关系并没有因为分歧而闹僵，反而更和睦了。不过，曾国藩对待弟弟们也是有原则的。同样是曾国荃，在他攻下天京（太平天国的首都，今南京）后，生活变得奢侈起来，为人也显得傲慢无礼。对此，曾国藩写信斥责，劝他去除享乐之心，好好思考为官、为人之道。由此我们可知，曾国藩的“兄弟和”，是兄弟之间要坦诚相待，情感上没有隔阂，思想上可以自由交流，而在大是大非上，仍要坚持基本的为官、为人之道。

曾国藩清楚，明是非、知善恶是家庭和睦的基础。当曾国藩平定太平天国后，他的声望和官威达到了极致，因此他的弟弟们和族人在故乡开始大兴土木、广建房产。对此，曾国藩对弟弟们和族人给予了严厉斥责，并叫停了他们的这种行为。他指出，官职越高越要小心谨慎，不可自鸣得意、铺张奢侈，否则既会让他人有机会诽谤自己和家族，也会让自身丧失良好的德行。可见，只有曾国藩这种在明辨是非善恶基础上的和睦才是真的和睦。

曾国藩进一步指出，“凡家道所以持久者，不恃一时之官爵，而恃长远之家规，不恃一二人之骤发，而恃大众之维持”。一个家族得以生生不息的原因有二：不在于能出一两个显赫的官员，而在于能有长远的家规；不在于能有一两个奋发的成员，而在于家庭成员都能用心维持它。

曾国藩说的这番话，当然有其时代背景，当时仍旧是传统的大家族时代，几代人常同居一个屋檐下，所以如何让家族成员共同为家族的兴旺而努力是很重要的。曾国藩提出“家规”和“维持”两点，认为这是大家族长久的根本条件。至于家族里能不能出一些名人，并不重要。尽管现在这种传统的大家族已经很少了，但是对于我们目前的小家庭来说，曾国藩的话仍然有借鉴意义。

曾国藩告诫后辈，一个家庭至少要有一些基本家规，来作为家庭成员都必须遵守的原则。如果三代合住的话，那么成员之间必须礼貌相待、理性做事，长辈要宽容、晚辈要谦逊，否则家庭关系就难以处理好。即使再小的家庭也要有基本原则，这种原则就相当于传统的家规，这是家庭得以长久兴旺的基础。

家庭的稳定也要靠所有家庭成员的努力，如果仅有一些人的维持，而另一些人去拆台，那也不可能长久兴旺。夫妻关系不用说，必须双方共同努力才能维持。三口之家也是，父母不仅要呵护孩子的健康，也要维护孩子的尊严，这样孩子才不容易产生逆反心理，家庭的和睦才不会出问题。三代一起的家庭更是如此，公公婆婆、岳父岳母中如果有任何一方不满之心很重的话，也会导致家庭的分裂。所以任何一个家庭，都需要所有家庭成员的悉心维持，才可以长久稳定，否则必将走向分崩离析。可见曾国藩对“众人同心”的重视。

我们现在的小家庭越来越容易出现问题，或是离婚率越来越高，或是孩子离家出走，或是为了财产等纷争不已。其原因就在于大多数家庭没有一些基本的家规，家庭成员的凝聚力也不足，结果失去了维护家庭和睦的力量。所以，我们需要重温曾国藩的训诫，了解家庭原则的重要性，了解每个人对家庭的义务，这样我们才能经营好自己的家，才能真正体验到家庭带给我们的那份宁静、安详和舒适。

四、“一生之成败，皆关乎朋友之贤否”

经营好一个家庭不仅对内要求和睦，还要注意处理好对外的关系。这里面最重要的，就是家庭成员交友一定要谨慎，切不可引狼入室。所以在曾国藩的家风家训中，特别提出要重视朋友。曾国藩认为，人“一生之成败，皆关乎朋友之贤否，不可不慎也”，将朋友上升到关乎个人一生成败的高度。

我们可以看看曾国藩都有哪些朋友。在钱基博先生的《近百年湖南学风》一书中，记载了以曾国藩为中心的一批良友，如左宗棠、胡林翼、郭嵩焘、王闿运等，或是镇国名将，或是外交名家，或是学林巨匠……曾国藩和他们结交之时他们大都尚未出名，但都已经显示出独特的风采，正是有了这样一批各有所长的朋友，曾国藩才得以组建湘军，并推行洋务运动。而也正是这些朋友，或日后成为曾氏子孙的老师，或为曾氏子孙的发展提供了宝贵机遇。因此可以说，曾国藩和曾氏一族的成功，离不开这些朋友们。

其实，曾国藩和这些朋友们之间也并不是毫无波折的，如王闿运，就和曾国藩闹过大别扭，但是曾国藩始终尊重他的才学能力。而左宗棠更是鲜明的例子，镇压太平天国运动后，曾国藩与左宗棠在政治见解上几乎可以说是分道扬镳了，但是两人对对方的人品和能力都是肯定的，当时朝廷要平定西北叛乱，曾国藩还大力推荐和支持左宗棠去平定西北之乱。可以说，在曾国藩看来，交友并不是私利之交，而是人品之交、才学之交、性情之交。也正是由此，他才能真正交到一批志同道合的朋友，共同为天下做一番轰轰烈烈的事业。

相应的，一个人与其家庭的衰败，也与他的朋友有很大关系。如湘军的死敌太平天国，兴于洪秀全，但败根也种于洪秀全。太平天国运动之所以失败也与洪秀全交友不慎有关。太平天国著名的五王中，南王冯云山、西王萧朝贵早死，可以不论。另外的三人中，东王杨秀清是个居功自傲且目中无人的人，他甚至用残忍的手段来排除异己；而北王韦昌辉更是个势利的卑鄙小人，他没什么真才实学，只靠着曾资助过洪秀全，并能讨好洪秀全才得居高位；唯一有能力的翼王石达开，缺乏政治头脑，更多的是血气之勇。这样的队伍，埋下了太平天国内乱的伏笔，在东王、北王相继被杀，石达开远走四川之后，太平天国的人才日益匮乏，最终走向了覆亡。

可见，一个人所交的朋友，能使个人和家庭的发展轨迹发生巨大的变化。那么如何甄别朋友的好坏呢？孔子有言："益者三友，损者三友。友直，友谅，友多闻，益矣。友便辟，友善柔，友便佞，损矣。"（《论语·季氏》）即有益的朋友有三种，有害的朋友也有三种。同正直的朋友交往，同诚信的朋友交往，同博学多闻的朋友交往，这是有益的；同好谄媚的朋友交往，同当面恭敬而背后诋毁自己的朋友交往，同夸夸其谈的朋友交往，则是有害的。曾国藩领会了孔子的交友精神，才会在其家风家训中如此强调交友的重要性。

曾国藩对家风的养成有深入的体会和丰富的认识，他曾总结自己的家训："吾教子弟不离八本、三致祥。八者曰：读古书以训诂为本，作诗文以声调为本，养亲以得欢心为本，养生以少恼怒为本，立身以不妄语为本，治家以不晏起为本，居官以不要钱为本，行军以不扰民为本。三者曰：孝致祥，勤致祥，恕致祥。"归结起来，就是"清""慎""勤""敬"四个字。以清居官、领军，以慎立身、养生，以勤读书、作诗文，以敬养亲、治家。由此四者养成人格、形成家风，这便是曾氏一族得以繁盛绵长的精髓。

第十九章

陈宝箴：学行统一，坦荡君子

读书当先正志，志在学为圣贤，则凡所读之书，圣贤言语便当奉为师法，立心行事俱要依他做法，务求言行无愧为圣贤之徒。经史中所载古人事迹，善者可以为法，恶者可以为戒，勿徒口头读过。如此立志，久暂不移，胸中便有一定趋向。如行路者之有指南针，不致误入旁径，虽未遽是圣贤，亦不失为坦荡之君子矣。君子之心公，由亲亲而仁民，而爱物，皆吾学中所应有之事。故隐居求志则积德累行，行义达道则致君泽民，志定则然也。小人之心私，自私自利，虽父母兄弟有不顾，况民、物乎？此则宜痛戒也。

——陈宝箴《四觉老人书示隆恪》

说到陈宝箴，大家可能有些陌生，但是提到陈寅恪则往往耳熟能详。其实二人乃是亲爷孙，只不过陈宝箴去世时，陈寅恪不过十来岁。义宁（今修水）陈家号称一门三代四杰，乃陈宝箴、陈三立、陈衡恪和陈寅恪祖孙四人，第一代便是身居湖南巡抚的陈宝箴了。

陈宝箴，字右铭，晚年自号四觉老人。其一生主要经历了三件大事：参与平叛太平天国，为甲午中日战争奔走，以及在湖南巡抚任上推行新政。可以说他是晚清重要历史事件的亲证者、参与者。陈宝箴一生充满传奇色彩，其为人、为官、致知的品格及其传承的义宁陈氏家风，至今仍值得我们学习借鉴。

一、“粗知忠孝立身之义”

陈氏家族能够长久兴盛并为时代所铭记的重要内核，便是中国人都熟知的忠义和孝道。陈宝箴曾向光绪皇帝上书道：“况臣具有天良，粗知忠孝立身之义，纵涓埃无补，亦惟力矢无欺，有耻之愚，自盟衾影，而祸福听之在人。”他表明自己最看重的就是忠孝立身，并非世间之功名利禄。倘若今天空谈家风家训，大都可以说出诸多道理，人人听之而不觉不为乐，但是知行合一、切实实行才是真正可贵的。

陈宝箴七岁的时候因为读书求学宿于外塾，第二天他告诉教自己的先生：“昨有夜不能寐者三人。”老师问其原因，则曰：“吾父吾母则吾是也。”陈宝箴稚嫩的心灵装满了对父母的思念，又不忍父母因思念自己而夜不能寐，其中真挚之心不言而喻，这离不开父亲陈伟琳的言传身教。根据郭嵩焘《陈府君墓碑铭》记载，陈伟琳“其事父母，专力壹心，承顺颜色，不言而曲尽其意”。陈伟琳的母亲一直体弱多病，陈伟琳一直都为此担忧，曾经有一次为了母亲的病夜里跑去二十公里之外的寺庙祷告，后来还亲自学习医术为母治疗。陈宝箴粗通医理，大概与此相关。陈寅恪曾经在《吾家先世中医之学》中回忆起有关陈宝箴医术的事情，说先祖医术了得，曾经给谭嗣同的父亲谭继洵看过病，谭继洵用了先祖的方子，很快痊愈，然后派人来谢，送有重礼，不过祖母并未收受银票，只是接下吃食。这给五岁的陈寅恪留下了深刻印象。他自述道：“颇讶为人治病，尚得如此报酬。在童稚心中，固为前所未知，遂至今不忘也。”由此看来，行孝道也需得真本领。

陈宝箴是真正走出陈家，说得上榜上有名、光宗耀祖的第一个人。咸丰元年（1851年），陈宝箴高中举人，自此开启了与风雨飘摇的晚清的不解之缘。要说陈宝箴二十多岁便参与到清王朝的大事中也绝不为过，早年其与父亲陈伟琳一直忙于操办团练以对抗太平军，当时的目的主要是为了保护一方，不让自己的亲人和邻里遭受太平军的迫害，不过后来陈宝箴由此踏入仕途。这在现在看来，也是一件不易之事，自古忠孝难两全，但陈宝箴与父亲一同参与团练，是尽孝也是尽忠。中国人自古讲求子承父业，陈宝箴此番经历，生动地讲述了如何凝聚家族的力量，在实际行动中形成了忠孝之家风。后来，父亲因为劳疾去世，陈宝箴遵循三年之丧，丧期结束之后才继续求取功名，前往京城参加会试。

陈宝箴还注重于具体工作事务中实践忠孝立身的道理。比如当初他在湖南推行新政的时候，便是只以“国是”“省是”为重，即使自己受到内外诸多压力，也决不放弃新政，更不必说从中取得政绩以求功利云云。陈宝箴求取的是大忠大孝之道，而非一己之私，也绝非时刻放在嘴上的空头孝义。陈宝箴对忠孝之道的践履，使下一代耳濡目染，陈三立作为陈宝箴的儿子，受到父亲非常大的影响。

陈三立传承父亲的忠孝立身之道，融于血肉之中。陈宝箴过世之后，陈三立每每想起父亲的半生陪伴、泣血教导，都不禁哀痛欲绝、号啕大哭。当时正处于十九世纪和二十世纪交接的那几年，戊戌变法失败，陈宝箴因举荐的人士被诛（戊戌六君子中就有两位），被冠以包藏匪祸之名，革职永不录用，连同陈三立都被查办。几年间，陈宝箴以及其他多位亲人——其中有陈三立的母亲、长媳（陈衡恪之妻）以及大姊——相继去世，这让重疾在身的陈三立经受了世人难以想象的痛苦，仿佛突然之间，世道变了，家也散了，文人心中的那份安谧终究在颠沛流离之后破碎殆尽。

从陈三立所作诗中，我们得以感受孝字烙印之深。听闻父亲去世，陈三立心情万分悲痛，在《湖南巡抚先府君行状》中，其言："不孝不及侍疾，仅乃及袭敛。通天之罪，锻魂剉骨，莫之能赎，天乎痛哉！"之后每每扫墓，他只道自己是孤儿，悲伤之情溢于言表。"昏昏取旧途，惘惘穿荒径。扶服崝庐中，气结泪已凝。岁时辟踊地，空棺了不剩。犹凝梦恍惚，父卧辞视听。儿来撼父床，万唤不一应。起视读书帷，蛛网灯相映。庭除迹荒芜，颠倒盆与甑。呜呼父何之，儿罪等枭獍。终天作孤儿，鬼神下为证。"（《崝庐述哀诗五首·之一》）"群山遮我更无言，莽莽孤儿一片魂，高下烟霏飘鬓发，送迎负担自溪村。影篴秃柳狰狞出，喧屋攒枫向背翻。越陌度阡同梦寐，望城冈外雨留痕。"（《雨中去西山二十里至望城冈》）陈三立那份对父亲的深切思念让人动容，让人慨然。

不过，陈三立是幸运的，一生得以长时间在父亲陈宝箴身旁尽孝，亲自侍奉。陈宝箴在湖南的时候，陈三立便是其最得力的助手。当时陈三立与父亲积极资助谭嗣同、梁启超等人在湖南长沙创办时务学堂；为了振兴湖南的经济，陈三立还帮助父亲兴办矿务局。吴宗慈记述道："时先生尊人右铭中丞有政声，先生恒随侍左右，多所赞画，藉与当世贤大夫交游，讲学论文，慨然思维新变法，以改革天下，未尝一日居官也。"想必正是在父亲身旁，陈三立感受到了忠孝的魅力，感受到了经邦济世的使命感，不曾虚度时光。

行忠孝之道并非愚忠、愚孝，要懂得变通。陈宝箴积极变法，推行新政，在乱世之中仍不懈努力，寄希望于国家好转。他既忠于国本，坚信国家必将好转、百姓必将安康，又积极改变、敢为天下先。这让他与光绪帝这位积极进取、锐意变法，企图改变国家命运的帝王有一定相似性。同时陈宝箴并非一味激进变法，其在湖南三年新政，多处调和角色，颇符合儒家的中庸之道。比如他并非全然支持康有为，他曾反对康氏《孔子改制考》的激进改革观。陈寅恪后来论其祖父的思想源流时说：“当时之言变法者，盖有不同之二源，未可混一论之也。咸丰之世，先祖亦应进士举，居京师。亲见圆明园干霄之火，痛哭南归。后其治军治民，益知中国旧法之不可不变。……至南海康先生治今文公羊之学，附会孔子改制以言变法，其与历验世务欲借镜西国以变神州旧法者，本自不同。故先祖先君见义乌朱鼎甫先生一新《无邪堂答问》驳斥南海公羊春秋之说，深以为然。据是可知余家之主变法，其思想源流之所在矣。”陈宝箴实为中正稳健一派，并非一味忠于祖宗之法，也并非一味西化，而是有自己明确的维新思路。陈三立在《湖南巡抚先府君行状》中写出父亲对于为政湖南的看法：“营一隅为天下倡，立富强之根基，足备非常之变，亦使国家他日有所凭恃。”所以每每想到为政湖南可以为国解忧，陈宝箴不禁窃喜自慰。陈宝箴身为清朝的一方重臣，比其他地方官员对待变法的态度更加宽容，而湖南作为当时有名的保守腹地却在新政上成效最著，这些成效与陈宝箴的开明态度有着重大关系，这是极为不易的。陈宝箴让我们感受到家风家训并非教条，引导忠孝风尚也须兼备中和，不枉曾国藩称赞其为“海内奇士”。

二、“读书当先正志”

“读书当先正志”是陈宝箴读书立身的经验总结，他在给孙子的折扇上亲笔题字，加以勉励，所言可谓其家风的结晶。陈宝箴写道：“读书当先正志，志在学为圣贤，则凡所读之书，圣贤言语便当奉为师法，立心行事俱要依他做法，务求言行无愧为圣贤之徒。经史中所载古人事迹，善者可以为法，恶者可以为戒，勿徒口头读过。”其言“读书当先正志”，其志向在于“学为圣贤”，胸中有志向，才能步步为功，向着目标前进，即使最后不能为圣贤也不愧为君子。

陈宝箴祖辈都非常注重读书学习。曾祖父陈腾远一直以来坚持读书，在老年的时候依旧挑灯夜读。祖父陈克绳更是青出于蓝而胜于蓝，《义门陈氏族谱》中记载其“建仙源书屋，拨立田租为膏火”，在居住之处，建立起第一座书屋。父亲陈伟琳受到上两代的影响，一方面苦读经典，尤其是阳明之学，并以此立志。郭嵩焘所撰《诰赠光禄大夫陈琢如先生墓志铭》中提及他“及长，得阳明王氏书读之，开发警敏，穷探默证，有如夙契。曰：‘为学当如是矣。奔驰夫富贵，泛滥夫辞章，今人之学，自贼其心者也，惟阳明氏有发乎。’于是刮去一切功名利达之见”。“读书当先正志”在陈伟琳这里十分明确，他直言不求功名利禄，但求追寻古圣贤，以德为准，孝立于核心。另一方面，陈伟琳视野极其开阔，读书不拘于课本，他走遍各地，阅览山川，考察多地风土人情、造册户籍，立志于行。陈伟琳还认为读书非一己之事，其言“诚欲兴人才，必自兴学始”，于是积极筹备义宁学院，造福闾里。无论是内修心学还是治世利用，陈伟琳都对陈宝箴影响甚远。

陈伟琳既身教亦言传，在陈宝箴中举之后，“益督以学，戒无遽试礼部，日取经史疑义相诘难”，告诉陈宝箴为学并非为官，须得立大志，“学须豫也，脱仕宦，虚疏无以应，学又弗及，悔何追矣”，他认为为官是为老百姓发心声、办实事，所立大志，实为忧国忧民、匡时济世之抱负。陈伟琳临死之时，仍告诫陈宝箴“成德起自贫困，败身多因得志”，不得志才能立志，这一点陈宝箴深谙于心。在给陈隆恪的那把扇子上，陈宝箴写道：“如此立志，久暂不移，胸中便有一定趋向。如行路者之有指南针。”在陈宝箴看来，有胸中“定向”才能“隐居求志则积德累行，行义达道则致君泽民”，不拘一时之毁誉利好，只求能积累德行，为国为民办实事。这种大志贯穿陈宝箴一生，以至于其将死之前告诫其子陈三立“不治产，不问政”。后来陈三立听从父亲遗言，在慈禧“革除永不录用”一旨颁布之后，果真再无参与政事。其实陈三立有过好几次复出的机会，但他再也不曾出仕。其子陈寅恪述：“光绪二十九年癸卯，以次年为慈禧七十寿辰，戊戌党人除康梁外，皆复原官，但先君始终无意仕进，未几袁世凯入军机……立宪之说兴，当日盛流如张謇郑孝胥皆赞佐其说，独先君窥见袁氏之隐，不附和立宪之说。”“又当时资政院初设，先君已被举为议员，亦推卸不就也。”清末陈三立曾被拟定任湖南提学使，未出；清帝逊位后，任逊帝师傅的陈宝琛曾推荐陈三立相佐，仍未出。陈三立年轻时与陈宝箴推行新政，勤勉敢为，等到父亲过世后，便知于仕途之上再无父亲所述立志之可能，所以干脆不就，这又何尝不是笃行家风、家训之要求，正合于古语所谓“可以仕则仕，可以止则止”。后来陈寅恪也遵照祖父的遗训，潜心于学问，不过问政治，说真话、办实事。

陈宝箴不仅注重学习，还重视培育人才，他深谙“国势之强弱，系乎人才；人才之消长，系乎学校”，把书屋修到从政的各个地方。在家族中，陈宝箴修建四觉学堂，立意于孔孟之道，“非礼勿视，非礼勿听，非礼勿言，非礼勿动”，要求读书要发觉恻隐、羞恶、是非、辞让之四端。陈宝箴曾经抱书入内，闭门苦读，后来外出求仕，遂将其改为家学，供本族子弟及他族子弟读书。后来陈宝箴在河北道做官的时候，又创办致用精舍，参仿晁景遇、曾国藩课程规则，订立学规，以“明体达用”为立学宗旨，聘请名师讲授，但凡关于经世致用的内容，都有涉及。《清史稿》记载其“创致用精舍，遴选三州学子，延名师教之”。而且陈宝箴本人也提供讲义，在《说学》一文中，他说：今我辈读古人书，但能知耻，便有顽廉懦立之意，精神自然焕发，志气自然凝定，以知耻立乎志气，强调为学，实乃切中己之心志。想必此言便是对当时的中国士人乃至国人所言，落后不可怕，知耻立志、尽力追赶才是良策。

要说陈宝箴办学最有名气的一处，便是其任湖南巡抚时所办的时务学堂。在陈三立的建议下，学堂邀请当时名气最大的梁启超为中文总教习，李维格为西文总教习，教授中西各种科目，既有经典亦有致世一类。其他著名人士包括黄遵宪、徐仁铸、谭嗣同、唐才常等，皆是维新志士，一时天下之英才聚集于湖南，风气为之一变。梁启超亲自定下十条学约，囊括修身致用等，借由经典抒发维新新意。后来成立南学会时，陈宝箴更是做了激动人心的演讲，传授自己为学立志之理念，把自己耳濡目染、亲身实践的家风、家训带向一省的学堂。受湖南新政所办新式学堂影响之人可谓震古烁今！经由时务学堂走出的著名人士包括蔡锷、林圭等。间接受益的还有毛泽东，虽戊戌变法时其年龄尚小，但据本人所言的确受益于宝箴抚湘所办新学。这些人，可以说完成了陈宝箴在湖南未竟的事业。历史悠悠，难以预设，昔日陈宝箴所埋下的种子，在湖南生根发芽，终于在中国巍然挺立。

受父亲影响，陈三立也怀抱大志。同为举人，陈三立比其父亲更进一步，参加会试一举成为进士。但是清廷只授其吏部主事，并未“点翰林”。要知道有清一代，重臣多出自翰林院，陈三立受其父亲经世致用思想影响，也曾寄希望于做官来改变时局，沃丘仲子《现代名人小传·陈三立》说：宝箴志节清挺，以好谈经济，有叶水心、陈同甫之风。三立既秉家学，少掇高科，志在用世。这也是后来陈三立一直跟随父亲做实事，无意于为官，晚年也多次拒绝出山的原因之一。

陈三立一直都很重视孩子的学习。其孙陈封怀回忆，自陈三立挈家寄寓金陵，延聘西席外，在家里又办了一所学堂。四书五经外还开有数学、英文、音乐和绘画等课程，以及置办文、体设备。这所学堂除了方便自家子弟学习外，亲戚朋友家子弟也附学。其孙女陈小从亦有忆述：“每逢新聘塾师到来，先祖必亲往拜会，并要求塾师对学童不施体罚，不背书，故父叔辈之启蒙学馆生涯，较之同龄辈，远为宽舒愉快。确能自觉攻研，日至精进。”这所塾堂，后来成为南京第一所真正意义上的新式小学，陈寅恪小时候就是在这种教育中为自己打下了坚实的经学基础。

三、忧国忧民，“不计较毁誉得失”

正值青年的陈宝箴为参加会试进京，目睹了英法联军火烧圆明园的滚滚浓烟，泪湿青衫，痛不欲生。这还只是个开始，后来当他听闻甲午战争清朝战败，继而《马关条约》签订的消息时，痛哭“无以为国矣”，那个时候，陈宝箴六十四岁，距离世不过五六年光景。恰好又在陈宝箴去世之年，发生八国联军侵华事件。想必直到去世，陈宝箴依旧心忧国家，希望能够摆脱列强的侵略，百姓能够过上踏实日子。

别看陈宝箴主持新政时大刀阔斧，又以军功补办知县，但实际上他粗中有细、体贴百姓。在他接任巡抚时，湖南旱灾严重。一方面，他上报朝廷，希望能够留下些许漕银帮助救济百姓，缓解饥荒，并利用自己的人脉关系，从其他省份借粮借款；另一方面，他在推行新政的时候有所轻重，以农业为先，倡导开垦山地之闲田，又严禁湖南界内粮食往外贩卖，以解本省之急。他还亲自教百姓如何制作红薯干，以渡过难关，想必其祖父也未曾想到，当初刚到义宁时的充饥手段在此处又发挥了作用。在陈宝箴种种有效措施下，湖南一省至少上百万人免于死亡。陈宝箴为政注重体察民之疾苦，在主持刑狱时，他给清流李鸿藻写过这样一封信：“宝箴司职刑狱……然持法不敢二三，而揆厥所由，大半以饥寒驱迫，忍而为此，则又愍然而罔知所以处此矣。”面对那些穷困无助、无告者，两手空空而又身触法网的民众，更多需要的是关怀和同情。陈宝箴这一以救亡为己任的封疆大吏深知凡事都是从小做起，取信于民，不可待其犯罪而网罗之，这是对孟子所言恻隐之心的亲身实践。想必在读到孟子责怪齐宣王设置陷阱于国中待民而入一事时，陈宝箴定在内心中深刻警醒自己，为官万不可网罗百姓，祸国殃民。

陈宝箴为国为民，不计较个人得失。早在其身为浙江按察使的时候，就曾经自题：“执法在持平，只权衡低重轻昂，无所谓用宽用猛；问心期自慊，不计较毁誉得失，乃能求公是公非。”这就是他处理与民众关系时的真实写照。正是拥有这份坦荡，内心才不会忧惧。不过也正因秉公处事、无所顾忌，他才会被官场倾轧。戊戌变法的时候，保送刘光第等人本是湖广总督张之洞的意思，但是他考虑到变法到后面一旦失败，恐殃及自己，便把此事交由陈宝箴去办。当时维新著名人士冯桂芬写有《校邠庐抗议》，想让张之洞为其作序，但是作为清朝较早的一本主张变法的书籍，张之洞恐其引起麻烦，最后也是陈宝箴欣然应允。陈宝箴对变法之事倾注心血，只知道维新变法才能解救当时的中国，所以并不像其他重臣那样畏首畏尾，而是不惜担责也要促进变法之事在湖南落地实行。这也恰是清朝一十八行省，独湖南新政蔚然成风，仅三年便成效显著的原因之一。历史不能假设，但倘若上天真给光绪帝和陈宝箴父子这些人更多时间，是否就能扭转局势？这让人不禁遐想。陈宝箴时刻告诫自己："是否爱民之心不诚，除害之心不切，有生心害政之事，致酿殃民之祸，中夜彷徨，如刺在背。"变法虽然失败了，但是陈宝箴无愧于自己。

家风教育最好的方式是以身实践，陈宝箴此等忧国忧民之情结春风化雨般浸润了陈三立。《马关条约》签订之后，举国上下无不痛斥李鸿章，陈宝箴与陈三立尤为如此。在李鸿章从日本归来之后，陈宝箴未曾拜见，并且陈三立与其父亲一道上书，请求联合张之洞惩办李鸿章。虽然从历史的角度来看，李鸿章只是代慈禧太后签字以及受过，但是陈宝箴身为国家重臣，面对此等军国大事，理应怒斥利弊、忘死上疏，而非浑浑噩噩。

陈宝箴去世之后，愤慨的陈三立面对世事变迁、遍地狼藉，心中只有对百姓的无限悲悯。亲历改朝换代的社会大变动，他在《〈俞觚庵诗集〉序》中写道："余尝以为辛亥之乱兴，绝羲纽，沸禹甸，天维人纪，寝以坏灭。兼兵战连岁不定，劫杀焚荡，烈于率兽。农废于野，贾辍于市。骸骨崇丘山，流血成江河，寡妻孤子酸呻号泣之声达万里。"此等惨象不禁让人想起唐代诗人陈陶的诗句："可怜无定河边骨，犹是春闺梦里人。"

当年好友郑孝胥投靠日本建立的伪满洲国，陈三立痛斥其"背叛中华，自图功利"，后来还删去郑孝胥曾经为自己出版的诗集所作的序。不仅如此，陈三立还亲历了日本再次侵华，1937年卢沟桥事变之时，他就在北京城中，弥留之际关心的仍是日寇是否被尽数消灭，国家是否御侮成功，家人劝其离开，陈三立坚决表示"我决不逃难"。日军占领北京后，想请他为伪北平政府做事，以添声望，派人驻守在陈三立家门口，陈三立不堪其辱，绝食五日而死。

陈宝箴和陈三立让我们看到了古人忧国忧民的情怀和面对外辱时的高风亮节，陈氏父子两代人经历中国千古未有之大变时均展现出一身正气。

陈三立在为其父所撰行状中写道："乐天而知命，悲天而悯人，道所并行不悖，府君生平所自得，盖非不孝所能测矣。"此言可谓陈宝箴一生的生动写照。在中国近代史上，曾为封疆大吏的陈宝箴，在政治上推行新政，是近代中国最早的地方自治实验，在文学上，他不仅本人诗文俱佳，还是儿子陈三立的引路人，他无私的道德品质和深重的忧患意识，更造就了义宁陈氏一门"中国近世之模范人家"。其风气凝光，一代代传承，才有了陈氏一百余年英才辈出的辉煌局面，才有了后人所称的"陈氏五杰"——陈宝箴、陈三立、陈衡恪、陈寅恪、陈封怀，真可谓"历千万祀，与天壤而同久"。

第二十章

梁启超：知、情、意以成人才

我生平最服膺曾文正两句话：『莫问收获，但问耕耘。』将来成就如何，现在想它则甚？着急它则甚？一面不可骄盈自慢，一面又不可怯弱自馁，尽自己能力做去，做到哪里是哪里，如此则可以无入而不自得，而于社会亦总有多少贡献。

——梁启超给孩子们的信

梁启超是中国近代著名的政治家、思想家、教育家。他是戊戌变法中仅次于康有为的人物，是护国运动的重要力量，是中国近代立宪活动的推动者与策划者，可以说他是中国近代史上足以与孙中山、康有为并肩而立的人物。他的学问贯通中西、融汇古今，不仅整理、传承中学，而且译介、引入西学，同时其学问博通于文学、历史学、哲学、法学、政治学、社会学等诸多学科，是推动中国近代学术转型的重要人物。更为难得的是，梁启超还是一位教育家，他先后任教于多所大学，教育成果丰硕，尤其以清华大学国学院的四大导师之一而闻名天下。

不过，最值得钦佩的是，他在繁杂的政治、学问、教学工作之余，还能治家，不仅使梁家家庭和睦，而且把九个儿女都培养成为德才兼备的人。可以说，梁启超和梁氏一门，在中国近现代史上具有举足轻重的地位。我们了解梁氏家风，不仅是走进一位伟人的心灵，而且是走进一个伟大的家庭。尤其需要指出的是，梁启超身居古今、中西之变的巨大漩涡之中，他在教育子女时也面临着古今、中西教育理念的争斗，这在他的一些家信中即有反映。但是，梁启超凭借着他对中国传统文化的深刻理解和对现代社会的充分思考，使梁氏的家风家训在很大程度上实现了传统家风家训的现代化转型，所以它既有传统的尊崇礼法的风骨，又有现代的自由独立与人格平等的精神，因而对我们今日重新理解与建设家风具有重要的借鉴意义。

一、“人人发挥其个性之特长”

梁启超曾说，“我生平对于自己所做的事，总是做得津津有味”，“我是个主张趣味主义的人”，所以梁启超教育子女并没有采取强迫的方式，而是因材施教，依顺每个孩子各自的天性而发展之。

梁启超曾在家书中回答梁思成的问题道："思成来信问有用无用之别，这个问题很容易解答，试问唐开元天宝间李白、杜甫与姚崇、宋璟比较，其贡献于国家者孰多？为中国文化史及全人类文化史起见，姚、宋之有无，算不得什么事，若没有了李、杜，试问历史减色多少呢？我也并不是要人人都做李、杜，不做姚、宋，要之，要各人自审其性之所近何如，人人发挥其个性之特长，以靖献于社会，人才经济莫过于此。思成所当自策厉者，惧不能为我国美术界作李、杜耳。如其能之，则开元、天宝间时局之小小安危，算什么呢？你还是保持这两三年来的态度，埋头埋脑做去便对了。"这是梁启超1927年在一封信中对梁思成所提问题的回答。当时，梁思成在美国宾夕法尼亚大学已经学习了三年，他觉得自己每天只是画图绘制、做匠人事，不符合自己当年的理想，更不能对多灾多难的中国有所贡献。梁启超则在回信中指出：一方面，有用无用不应仅从当下的事功看，所谓有用，既有当下事功的，也有长久文化的。他用李白、杜甫与姚崇、宋璟作比，李、杜对唐代的兴衰可能并无影响，但在一千余年的中国文化里的价值，却远比唐代的贤相姚崇、宋璟重要；另一方面，他告诉梁思成要安心读书，要通过学习使自己的天性、特长得到最大限度的完善与发展，只有这样，才是对国家的真正贡献。在这里可以看到，梁启超将传统家风和当时的社会要求进行了融通。一方面，埋头苦干、安心读书是传统士人的优良美德，梁启超对此予以继承；而另一方面，强调文学艺术的独特和独立性，以及它们对社会的重要贡献，则是梁启超摆脱了传统"学而优则仕"的以为官从政为最高价值的认识，因而他能肯定李、杜的价值要高过同时期的大政治家，从而认可并鼓励梁思成继续学建筑设计学。

梁启超认为，兴趣对一个人的求学起着关键作用。梁启超在女儿梁思庄考入加拿大麦基尔大学后，曾经写信给她，希望梁思庄学生物学，因为他认为这是未来世界极重要的学问，可以贡献于人类社会。"我很想你以生物学为主科，因为它是现代最进步的自然科学，而且为哲学社会学之主要基础，极有趣而不须粗重的工作，于女孩子极为合宜，学回来后本国的生物随在可以采集实验，容易有新发明。截到今日止，中国女子还没有人学这门（男子也很少），你来做一个‘先登者’不好吗？还有一样，因为这门学问与一切人文科学有密切关系，你学成回来可以做爹爹一个大帮手，我将来许多著作，还要请你做顾问哩！不好吗？你自己若觉得性情还近，那么就选他，还选一两样和他有密切联络的学科以为辅。”但是梁思庄并不喜欢生物学，加之麦基尔大学的生物学也不是太好，所以梁思庄始终无法对生物学提起兴趣，她就把自己的苦恼写信告诉了梁启超。对此，梁启超并不强求，还安慰梁思庄：凡学问最好是因自己性之所近，往往事半功倍，你离开我很久，你的思想近来发展方向我不知道，我所推荐的学科未必合你的适，你应该自己体察作主，用姐姐哥哥当顾问，不必泥定爹爹的话。得到了梁启超的宽慰和首肯，于是梁思庄转而学文。梁思庄后来在麦基尔大学获得了文学学士学位，之后又到美国哥伦比亚大学图书馆学院学习，获得了图书馆学士学位。1931年回国后，她先后在北平图书馆、燕京大学图书馆、北京大学图书馆等图书馆工作。为我国现代图书馆学的建设呕心沥血，并终有成就。1980年，她以卓越的贡献当选为中国图书馆学会副理事长。她一生能有此成就，与梁启超注重发挥特长的教育理念是分不开的。

事实上，在梁启超这样的理念下，梁启超的九个子女，个个都是学有所长的人才。大女儿梁思顺擅长诗词和音乐，所编《艺蘅馆词选》是近现代词学的名著。大儿子梁思成是著名建筑学家，是我国古建筑研究的先驱和现代建筑学的奠基人。二儿子梁思永是著名考古学家，于1948年当选为中央研究院第一届院士。三儿子梁思忠毕业于美国西点军校，曾任炮兵上校，后因病早逝。二女儿梁思庄成为图书馆学一代大家。四儿子梁思达长期从事经济学研究，抗战时期曾在重庆中国银行总管理处任职。三女儿梁思懿主要从事社会活动，是“一二·九”运动的学生骨干，曾任第六届全国政协委员。四女儿梁思宁，早年即投身新四军，是真正的“老革命”。五儿子梁思礼是著名的火箭控制系统专家，1993年当选中国科学院院士。梁启超的这九个子女所从事的行业皆不相同，但都有所建树，这正是梁启超践行自由发挥个性的教育理念的成果。

梁启超依顺孩子发挥个性而成长的教育理念，也得到了梁氏后人的继承，梁思庄的女儿也就是梁启超的外孙女吴荔明就深得其益。梁思庄十分尊重吴荔明的意愿，让她学习了城市设计专业，吴荔明退休前是北京大学城市与环境学院的教授。她在总结梁启超的教育理念时说：在20年代风云变幻的中国，公公梁启超始终注意把握孩子们的前途，他以自己超人的智慧、广博的知识和卓越的远见，对孩子们进行言传身教，公公对孩子们的前途都有周密的考虑，他精心培养每一个心爱的孩子，不仅努力培养他们成为有学问的人，还要他们成为有高尚品德、对社会有用的人，公公希望孩子们充分享受人生的快乐，但他不强求孩子们都和他一样，而是相信孩子们最终将走自己的路。的确，悉心的教育和充分的信任，正是梁启超家风的核心所在，也是最值得我们今日仔细体会与感悟的。

二、“莫问收获，但问耕耘”

了解一个人的特长之后，又当如何发展其特长而使其成才呢？在前文提到的1927年的那封信中，梁启超对梁思成说：“你觉得自己天才不能副你的理想，又觉得这几年专做呆板工夫，生怕会变成画匠。你有这种感觉，便是你的学问在这时期内将发生进步的特征，我听见倒喜欢极了。……凡学校所教与所学总不外规矩方面的事，若巧则要离了学校方能发见。规矩不过求巧的一种工具，然而终不能不以此为教、以此为学者，正以能巧之人，习熟规矩后，乃愈益其巧耳。不能巧者，依着规矩可以无大过。……今在学校中只有把应学的规矩，尽量学足，不惟如此，将来到欧洲回中国，所有未学的规矩也还须补学，这种工作乃为一生历程所必须经过的，而且有天才的人绝不会因此而阻抑他的天才，你千万别要对此而生厌倦，一厌倦即退步矣。至于将来能否大成，大成到怎么程度，当然还是以天才为之分限。我生平最服膺曾文正两句话：'莫问收获，但问耕耘。'将来成就如何，现在想它则甚？着急它则甚？一面不可骄盈自慢，一面又不可怯弱自馁，尽自己能力做去，做到哪里是哪里，如此则可以无入而不自得，而于社会亦总有多少贡献。我一生学问得力专在此一点，我盼望你们都能应用我这点精神。"

在这段话中，梁启超告诫梁思成，当下的学习虽然看似枯燥无味，但却是最基础的，只要踏踏实实去做，未来必定有所收获。梁启超指出，人生成就之大小虽然要看天分，但是，若无基础的本领则根本谈不上能有成就。而这基本的本领之养成，就要靠一分一分踏实的耕耘。如梁思成所学的绘图，看似只是匠人之事，但若没有这个基础，就不能了解建筑的本质与精义。而这绘图，有美国的、欧洲的、中国的，花三年学美国的是必要的，未来再继续学欧洲的、中国的，也是必要的，只有把这些必要的基本知识牢靠地学好，才有可能读懂建筑的真谛。因此梁启超告诉梁思成自己信服曾国藩的两句话："莫问收获，但问耕耘。"将来的事情无法预料，只有不骄不躁、认真细致地做好当下的事，才能一点一点地进步，从而为社会做出贡献。梁启超还指出，他之所以能在学术上有所成就，端赖此八个字。

在给梁思成的另一封信中，梁启超进一步嘱咐他应该如何做学问："凡做学问总要'猛火熬'和'慢火炖'两种工作，循环交互着用去。在慢火炖的时候才能令所熬的起消化作用，融洽而实有诸己。思成，你已经熬过三年了，这一年正该用炖的工夫。不独于你身子有益，即为你的学业计，亦非如此不能得益，你务要听爹爹苦口良言。"梁思成最终在梁启超谆谆教诲下，成为中国现代建筑学的奠基人。他后来在宾夕法尼亚大学建筑系获得了硕士学位，回国后，在梁启超的建议下到条件比较艰苦的东北大学工作，并在那里创建了我国在北方的第一个建筑系。日本入侵东北后，他回到北京，加入了中国营造学社，开始了全面考察中国古建筑的工作。为了完成这项工作，他走出书斋，下到田间地头，走遍了华北的各个角落。从1931年到1937年，他用科学的方法对我国北京的古建筑进行了测绘、分析、摄影、研究，形成了无数珍贵的科学报告，为中国建筑学史的研究开辟了道路。全面抗战爆发后，他在后方坚持工作，并在这时完成了我国第一部《中国建筑史》，填补了中国建筑史研究的空白。此后，他在清华大学建立建筑系，在中华人民共和国成立后为北京的城市设计出谋划策，为保护北京的老建筑呕心沥血。他的一生，可以说是为中国建筑奉献的一生。而这一切成就，都离不开梁启超的启迪、教诲与帮助。

另外，梁启超还特别愿意尽自己的力量帮助孩子们成长，哪怕这种成长要受些苦。当时，梁启超的二儿子梁思永在美国哈佛大学学习考古学，他想在1927年回国实习。当时，国内的考古条件其实十分差，但是梁启超非常同意他的想法。他帮梁思永联系了在清华大学任教的中国考古学的奠基人李济，李济答应可以让梁思永到山西的农村去实习。可惜这件事情因各种原因没有成行。不过，梁启超的帮助使梁思永和国内考古学界建立了很好的联系，他于1930年毕业回到中国后，就立马投入到河南安阳小屯、山东历城城子崖（今属章丘）等地的考古工作中去，而最终在中国考古学领域做出了突出贡献，并于1948年当选为中央研究院院士。这不能说没有梁启超的功劳。

三、善处忧患贫贱，遵循理性生活

梁启超身处高位，授课收入、工作收入、稿费收入都不低，家庭条件很好。但是他始终牢记自己的寒门出身，所以也要求孩子们要能过贫贱的生活，并且能熬过忧患的日子。

孩子们小时，梁启超常常让孩子们围坐在小圆桌旁，他一边怡然自得地喝着酒，一边绘声绘色地讲中外历史上的故事。梁启超不仅和他们说国家大事、人生哲学、做学问的方法，还向他们倾诉生活中的苦乐悲欢，将做人的道理融入其中。他告诫儿女，生当乱世，要吃得苦，才能站得住，一个人在物质上的享用，只要能维持着生命便够了，至于快乐与否，全不是物质上可以支配，能在困苦中求出快活，才真是会打算盘。他在写给孩子们的信中说："处忧患最是人生幸事，能使人精神振奋，志气强立。两年来所境较安适，而不知不识之间德业已日退，在我尤然，况于汝辈，今复还我忧患生涯，而心境之愉快视前此乃不啻天壤，此亦天之所以玉成汝辈也。"他认为忧患可以磨炼人的精神，而安适的生活则会让人丧失奋斗之心念，忧患对生活其实是有帮助的。他进一步讲道："人之生也，与忧患俱来，知其无可奈何，而安之若命。你们都知道我是感情最强烈的人，但经过若干时候之后，总能拿出理性来镇住他，所以我不致受感情牵动，糟蹋我的身子，妨害我的事业。这一点你们虽然不容易学到，但不可不努力学学。"这就是告诉孩子们要运用理性来克制生活中的种种不如意。

1923年5月，梁思成不幸被汽车撞折腿骨而住院，去美国留学至少要推迟一年，他为此焦虑不安，但仍急于成行。为此，梁启超专门写信给思成说，"人生之旅途苦长，所争决不在一年半月，万不可因此着急失望，招精神上之萎畏。汝生平处境太顺，小挫折正磨炼德性之好机会"，况且在国内多预备一年，再多读些本国文化的书而温习背诵之，"亦未尝有损失耶"。

面对突如其来的变故，一定要理性地告诉自己要不急不躁、不慌不乱，这样才不会生气、暴躁，而劫难也终将会过去。梁启超有时候也会拿自己举例子："你们几时看见过爹爹有一天以上的发愁，或一天以上的生气？我关于德性涵养的工夫，自中年来很经些锻炼，现在越发成熟，近于纯任自然了。我有极通达、极健强、极伟大的人生观，无论何种境遇，常常是快乐的。"梁启超常常鼓励孩子们，相信他们一定也能做到自己想做的事，"我自己常常感觉我要拿自己做青年的人格模范，最少也要不愧做你们姊妹弟兄的模范。我又很相信我的孩子们，个个都会受我这种遗传和教训，不会因为环境的困苦或舒服而堕落的"。的确，梁启超的孩子们后来大都历经磨难，从军阀混战到抗日战争，几乎都经历了中国近现代的几次大事件。但在这些事件和运动中，他的孩子们都能持身中正，皆不负梁门清誉，为祖国的复兴奉献了所有力量。他们的立身处世，始终没有愧对梁启超的教诲，而他们能在最艰难的时期坚持下来，自然与梁启超的告诫是分不开的。

梁启超认为，人不仅要善于面对忧患，还要能过得了贫贱的生活。梁启超总是告诉孩子们，要谨记梁家原是寒门，所以不可以贪恋优越的生活，而应知道“人类之物质生活，应以不妨碍精神生活之发展为限度，太丰妨焉，太觳亦妨焉！应使人人皆为不丰不觳的平均享用，以助成精神生活之自由而向上”。所以他时常教育孩子们要学会吃苦、懂得吃苦，保持简朴的生活习惯。

在梁思成夫妇回国之前，梁启超也写信给他们，警告他们回国并不是享受，而是要经历艰苦：“我想你们这一辈青年恐怕要有十来年——或者更长，要挨极艰难困苦的境遇，过此以往却不是无事业可做，但要看你对付得过这十几、二十年风浪不能。你们现在就要有这种彻底觉悟，把自己的身体和精神十二分注意锻炼修养。”

理性也是梁启超为人处世所遵循的原则，所以他对不理智的事也会叹恨良多。其中最使他感到遗憾的就是徐志摩结婚一事，他在1926年10月4日给孩子们的信中，就谈到了这件事情：“我昨天做了一件极不愿意做之事，去替徐志摩证婚。他的新妇是王受庆夫人，与志摩恋爱上，才和受庆离婚，实在是不道德至极。我屡次告诫志摩而无效。胡适之、张彭春苦苦为他说情，到底以姑息志摩之故，卒徇其情。我在礼堂言说一篇训词，大大教训一番，新人及满堂宾客无一不失色，此恐是中外古今所未闻之婚礼矣。今把训词稿子寄给你们一看。青年为感情冲动，不能节制，任意决破礼防的罗网，其实乃是自投苦恼的罗网，真是可痛，真是可怜！徐志摩这个人其实聪明，我爱他不过，此次看着他陷于灭顶，还想救他出来，我也有一番苦心。老朋友们对于他这番举动无不深恶痛绝，我想他若从此见摈于社会，固然自作自受，无可怨恨，但觉得这个人太可惜了，或者竟弄到自杀。我又看着他找得这样一个人做伴侣，怕他将来苦痛更无限，所以想对那个人当头一棒，盼望他能有觉悟（但恐甚难），免得将来把志摩累死，但恐不过是我极痴的婆心便了。闻张歆海近来也很堕落，日日只想做官（志摩却是很高洁，只是发了恋爱狂——变态心理——变态心理的犯罪），此外还有许多招物议之处，我也不愿多讲了。品性上不曾经过严格的训练，真是可怕，我把昨日的感触，专写这一封信给思成、徽音、思忠们看看。”梁启超在这封信中说，徐志摩的婚姻是感性压倒了理性的结果，未来极可能招致恶果。而他也以此为例，告诫自己的孩子们，青年人好为感情而动，这是难免的，但是一定要用理性予以节制，才可使生活归于正轨，否则只会使生活陷入难以想象的苦闷。他认为，一定要使理性成为生活的准则。因此他特意把这件事情讲给自己的儿子、儿媳听，希望他们能以此为戒。

事实上，对于如何教育人，梁启超有过全面的论述：人类心理有知、情、意三部分，这三部分圆满发达的状态，我们先哲名之为三达德——智、仁、勇。为什么叫做“达德”呢？因为这三件事是人类普通道德的标准，总要三件具备，才能成一个人。三件的完成状态怎么样呢？孔子说：“知者不惑，仁者不忧，勇者不惧。”（《论语·子罕》）所以教育应分为知育、情育、意育三方面，知育要教到人不惑，情育要教到人不忧，意育要教到人不惧。教育家教学生，应该以这三件为究竟，我们自己教育自己，也应该以这三件为究竟。这是说，人的全面发展是知识、情感、意志三方面的全面发展，任何一项有所欠缺皆是人生的重大缺憾，而那样的人生也终究会出问题。比如徐志摩就是感性重于理性，梁启超认为，那样的人生是不好的。的确，一个人只有知识丰富、情感充沛、意志坚强，才能明理而不困惑、有情而不忧愁、意志强大而无所畏惧，这样的人才能有成就。梁启超的孩子们正是在梁启超这种全面发展的教育理念下，才最终有所成就。

四、有趣生活、有情生活

当然，梁启超并不因为循理而成为一个呆板之人，他其实是一个兴趣广泛且很有趣的人。所以他教育自己的孩子们，虽然学有所长很重要，但同时要有多方面的兴趣，尤其是要有些人文的兴趣，这样才不会把生活弄得单调而产生厌倦。他在1927年8月29日致梁思成的信中说："思成所学太专门了，我愿意你趁毕业后一两年，分出点光阴多学些常识，尤其是文学或人文科学中之某部门，稍为多用点工夫。我怕你因所学太专门之故，把生活也弄成近于单调，太单调的生活，容易厌倦，厌倦即为苦恼，乃至堕落之根源。再者，一个人想要交友取益，或读书取益，也要方面稍多，才有接谈交换，或开卷引进的机会。不独朋友而已，即如在家庭里头，像你有我这样一位爹爹，也属人生难逢的幸福，若你的学问兴味太过单调，将来也会和我相对词竭，不能领着我的教训，你全生活中本来应享的乐趣，也削减不少了。我是学问趣味方面极多的人，我之所以不能专积有成者在此。然而我的生活内容异常丰富，能够永久保持不厌不倦的精神，亦未始不在此。我每历若干时候，趣味转过新方面，便觉得像换个新生命，如朝旭升天，如新荷出水，我自觉这种生活是极可爱的，极有价值的。我虽不愿你们学我那泛滥无归的短处，但最少也想你们参采我那烂漫向荣的长处。"梁思成所学为工科，极容易陷入单调的生活，所以梁启超特别用心对他讲解兴趣广泛的重要意义。他指出，专门的学习容易把生活弄得单调，进而厌倦、苦恼于生活之乏味，这样的话，很容易使生活出现问题，而文史哲能使生活丰富起来。可以看到，梁启超抛弃了传统家风以"玩物丧志"为警戒而要求子弟"两耳不闻窗外事，一心只读圣贤书"的教训，而从近代人的多样性的角度，要求孩子们要培养广泛的兴趣，这样人生才会多姿多彩。

不仅趣味很重要，情感也是必要的。梁启超认为处理事情应以理性为指导，但并不是说情感就不重要了。情感也很重要，生活若没有感情，就干瘪无味了。梁启超本身是一个情感充沛的人，如他对自己的孩子们就充满了热爱。他曾在一封信中说："你们须知你爹爹是最富于情感的人，对于你们的爱情，十二分热烈。"因为特别爱孩子，所以他给每个孩子都起了昵称，如大女儿思顺为"宝贝""乖乖"，还唤其他孩子"达达""庄庄""小白鼻"等。正是因着这种爱，他才会留下数百封给孩子们的家信，我们也才能了解到梁启超是如何教育孩子的。据说，梁启超每次收到孩子们给他的信，都会非常高兴，“今天从讲堂下来，接着一大堆信——坎拿大三封内夹成、永、庄寄加的好几封，庄庄由纽约来的一封，又前日接到思永来一封，忠忠由域多利的一封——令我喜欢得手舞足蹈”。这样的欢喜，是多么的真实而浓郁啊！

更难能可贵的是，与一般的父母爱子女而难以兼爱儿媳、女婿不同，梁启超对儿媳、女婿也是疼爱有加。他在林徽因过门时就曾说：“我以素来偏爱女孩之人，今又添了一位法律上的女儿，其可爱与我原有的女儿们相等，真是我全生涯中极愉快的一件事。”另外，在他的家书中，对大女婿周希哲有过多次的鼓励和认同。正是他对孩子们无微不至的爱，使得他的孩子们可以在父爱下幸福地成长，进而能自由地发展自己的天性，最终个个都有所成就。

正是在梁启超这样的教育下，中国近代历史上一段旷世奇缘才会发生，这就是梁思成和林徽因的结合。林徽因的父亲和梁启超是多年的好友，两人在孩子十几岁的时候就希望促成他们的婚姻。但是梁启超深知婚姻自由对婚姻幸福的重要性，所以他告诉两个孩子，是否结婚还是要由他们自己决定。过了几年，梁思成和林徽因经过接触，相互认可、相互爱恋。在1923年梁思成车祸的时候，林徽因每天细心照顾他。后来，两个人一起出国留学，并最终在国外结成连理。这期间，曾有很多人追求过林徽因，比如上面提过的著名诗人徐志摩，以及同在国外留学的哲学家金岳霖。1920年时，年仅十六岁的林徽因就已经出落得亭亭玉立了，徐志摩对她一见倾心，并展开了猛烈的追求。不过，因着家教以及平常受梁启超的影响，林徽因拒绝了徐志摩，而始终坚定地选择梁思成。在留学期间，梁、林两人的感情日益深厚，梁思成的弟弟梁思永曾写过一副打油的对联，上联是“林小姐千装万扮始出来”，下联是“梁公子一等再等终成配”，横批是“诚心诚意”。这副对联虽有戏谑的成分，但却将两人的真挚情谊表现得淋漓尽致。梁思成和林徽因结婚后，两人虽然也像一般小夫妻那样常常吵闹，但两人从来都是欢喜冤家，所以他们婚后的生活非常幸福。这种幸福，也为他们事业的成功提供了保障。而这种成功的背后，正是梁启超对他们的悉心教育。

梁启超虽没有家训之类的著作流传后世，但他留下的几百封给孩子们的信却是最好的家风家训。梁启超是中国由传统转向现代的代表性人物，所以他的家书中蕴含着由传统走向现代的印记。他对个性化的重视，对理性与情感平衡的论述，都体现出现代性的因素。但他同时也传承着持家有道、默默耕耘的传统美德，还平衡着中西方的教育理念。这样，他的孩子们就在古今、中西之间获得了充分的平衡，而在“三千年未有之大变局”中皆能有所成就。而我们今日重温梁启超的家书和家风，体会这种既能保留中华民族优秀传统稳定内涵，又能因时而变的教育理念，对于今天的家庭教育仍具有借鉴意义。

后 记

古语有言，“天下之本在国，国之本在家，家之本在身”，在中国人的精神谱系里，“家”与“国”始终紧密相连，而营造优良家风也是中华民族自古以来的传统。

千百年来，以《孝经》《诫子书》《朱子家训》等为代表的家规、家训记载了许多发人深省的至理名言和感人肺腑的家风故事。这些名言与故事，蕴含着中华民族丰富的传统美德，不仅是家庭和家族的宝贵财富，也是中华优秀传统文化的重要载体。良好的家风、家训有利于营造和睦的家庭氛围，不仅关系着每个家庭成员的幸福感，也关系着整个社会的道德水平和文明风尚。

改革开放以来，随着我国经济的高速发展，文化在国家核心竞争力中越来越凸显，灿烂的中华文化、中国智慧不仅为自身提供了丰厚的滋养，也为人类文明做出了卓越贡献。作为中华优秀传统文化的重要载体，代代相传的优良家风以其独特意蕴，塑造着中华儿女的人生观、价值观，引导着整个国家和社会的价值取向，对社会、生活、文化产生了不可替代的作用。习近平总书记指出，家庭是社会的细胞。家庭和睦则社会安定，家庭幸福则社会祥和，家庭文明则社会文明。我们要认识到，千家万户都好，国家才能好，民族才能好。国家富强，民族复兴，人民幸福，最终要体现在千千万万个家庭都幸福美满上，体现在亿万人民生活不断改善上。家庭作为连接个人、社会和国家的桥梁纽带，是现代中国经济文化建设的重要基点，而优良家风也成为推动中华民族伟大复兴的宝贵资源。进入新时代，传承家庭美德，弘扬优良家风，依旧是增强人民幸福感、获得感，推动家庭兴旺、社会和谐、民族进步、国家富强的宝贵财富。

良好家风是今天培育社会主义核心价值观的重要内容，着眼于此，我们立足中华优秀传统文化，从传统家风观念的通俗化入手，着力挖掘中国几千年丰富的家风资源，解析传统家风的核心精神与内涵，出版了《家风十章》一书，此书出版以来获得了广大读者的欢迎与认可。为了更好地呈现家风的鲜活力量，我们着眼于伟大人格和家风故事的魅力，继续编写了本书，是为《家风十章》的姊妹篇。相比《家风十章》侧重说理，本书侧重人物家风故事。对于大众而言，理论是“灰色”的，而人格与故事则是鲜活的、感人至深的，以此，本书以历史为轴，选取两千多年来在家风家教方面有代表性的二十位先贤，基本涵盖中国主要朝代，讲述他们的家风家训和家风故事；同时，我们并不孤立地讲故事，而是将传统家风的基本条目融于故事中，将义理融于故事，娓娓道来，以期与《家风十章》一经一纬，相互呼应，呈现中华优秀家风的基本精神，展现其润物无声的力量。

本书是集众人之力的成果，中国社会科学院研究员李存山主持编写，负责全书的总体设计、内容审核与把关；由中国社会科学院、山东大学、同济大学等单位的多名学者共同执笔。在编写过程中，本书还吸收了不少专家、学者的研究成果，鉴于本书为普及性通俗读物，有关参考资料未作详细标注，也未及联系相关责任人，敬请谅解。由于时间仓促、篇幅限制和水平有限，加之中华家风文化博大精深，家风故事浩如烟海，因此虽然我们倾注了较大心力，部分章节数易其稿，但仍然存在种种不足，敬请方家批评指正。

家训箴言意味深长，家风故事感人至深，我们希望借由这个姊妹篇，通过人格的魅力和故事的力量，让读者再一次具体而生动地感受中华优秀家风的力量。

编　者

2024年1月

图书在版编目（CIP）数据

治家：中国人的家教和家风 / 李存山主编 . — 南宁：广西人民出版社，2024.5
ISBN 978-7-219-11720-0

Ⅰ. ①治… Ⅱ. ①李… Ⅲ. ①家庭道德—中国 Ⅳ. ①B823.1

中国国家版本馆 CIP 数据核字（2023）第 251323 号

出 版 人　韦鸿学
策　　划　白竹林
执行策划　吴小龙
责任编辑　许晓琰　李雨阳
责任校对　覃丽婷　黄　熠
整体设计　刘瑞锋（广大迅风艺术）

出版发行　广西人民出版社
社　　址　广西南宁市桂春路 6 号
邮　　编　530021
印　　刷　广西民族印刷包装集团有限公司
开　　本　787mm × 1092mm　1 / 16
印　　张　18
字　　数　256 千字
版　　次　2024 年 5 月　第 1 版
印　　次　2024 年 5 月　第 1 次印刷
书　　号　ISBN 978-7-219-11720-0
定　　价　52. 80 元
